JN026016

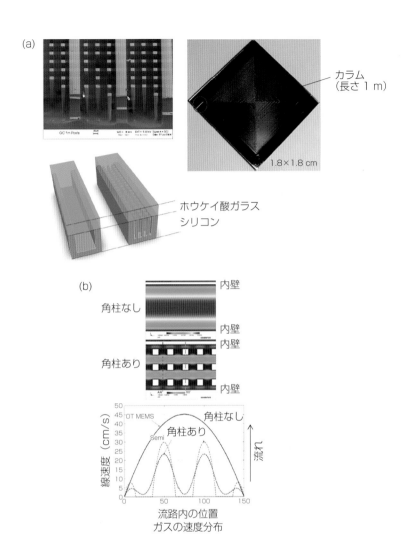

カラム
(長さ 1 m)

1.8×1.8 cm

ホウケイ酸ガラス
シリコン

内壁
角柱なし
内壁
内壁
角柱あり
内壁

線速度 (cm/s)
角柱なし
OT MEMS
Semi
角柱あり
流れ
流路内の位置
ガスの速度分布

口絵 1 （a）半充填カラムの構造と（b）カラム内の速度分布

【出典】Ali, S. *et al.* : *Sens. Actuators B Chem.*, 141, 309（2009）.
図 5.10 参照.

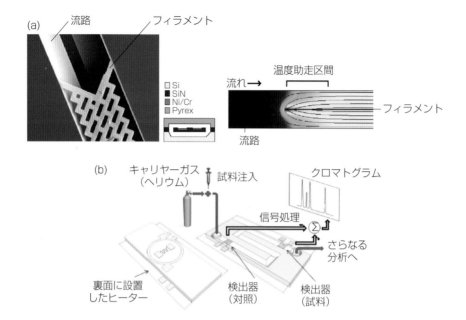

(a) 流路 フィラメント

□ Si
■ SiN
■ Ni/Cr
■ Pyrex

温度助走区間

流れ→ フィラメント

流路

(b) キャリヤーガス
（ヘリウム） 試料注入 クロマトグラム

信号処理

さらなる
分析へ

裏面に設置
したヒーター

検出器
（対照）

検出器
（試料）

口絵 2 　熱伝導度検出器

【出典】（a）Kaanta, B. C., *et al.*：In 2009 IEEE 22 nd International Conference on Micro
Electro Mechanical Systems；IEEE, 264（2009）.（b）Narayanan, S. *et al.*：*Procedia
Eng.*, 5, 29（2010）.
図 5. 12 参照.

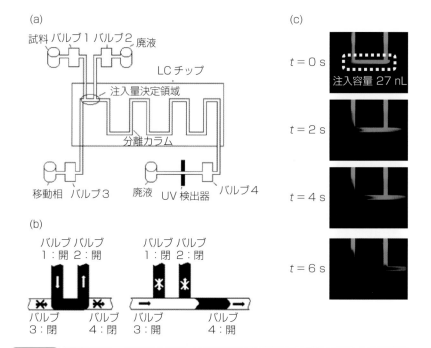

(a)

試料 バルブ1 バルブ2 廃液

LC チップ

注入量決定領域

分離カラム

移動相 バルブ3 廃液 UV 検出器 バルブ4

(b)

バルブ バルブ
1：開 2：開

バルブ バルブ
1：閉 2：閉

バルブ バルブ
3：閉 4：閉

バルブ バルブ
3：開 4：開

(c)

$t = 0$ s
注入容量 27 nL

$t = 2$ s

$t = 4$ s

$t = 6$ s

口絵 3　　**(a, b) オンチップ試料導入法と (c) 蛍光顕微鏡で観察した導入の様子**

【出典】 (a) O'Neill, A. P. *et al.*: *J. Chromatogr. A*, 924, 259 (2001). (b) Chmela, E. *et al.*: *Lab Chip*, 2, 235 (2002). (c) Eghbali, H. *et al.*: *LC–GC Eur.*, 20, 208 (2007), Ishida, A. *et al.*: *J. Chromatogr. A*, 90, 1132 (2006).
図 5.20 参照.

(a)

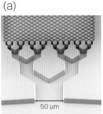

(c)

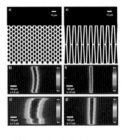

(b)

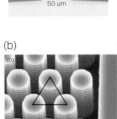

AR = y/x

H = Δσ²/L

AR↑ → L↓
H↓

試料の注入直後と
その 1 cm 下流の
試料バンドの様子

口絵 4　ピラーアレイカラム

【出典】(a) de Mello, A.: *Lab Chip*, 2, 48 N (2002). (b) De Malsche, W. *et al.*: *Anal. Chem.*, 79, 5915 (2007). (c) Op De Beeck, J. *et al.*: *Anal. Chem.*, 85, 5207 (2013).
図 5. 25 参照.

(a)

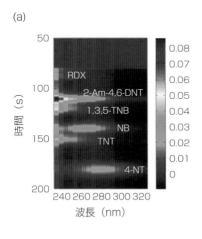

(b)

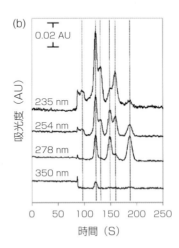

口絵 5　CCD 検出による 2 次元クロマトグラム（UV 検出）

【出典】Borowsky, J. F. *et al.*: *Anal. Chem.*, 80, 8287 (2008).
図 5. 27 参照.

分 析 化 学
実技シリーズ
機器分析編●19

(公社)日本分析化学会【編】
編集委員／委員長　原口紘炁／石田英之・大谷　肇・鈴木孝治・関　宏子・平田岳史・吉村悦郎・渡會　仁

渡慶次学・真栄城正寿・佐藤記一・
佐藤香枝・火原彰秀・石田晃彦【著】

マイクロ
流体分析

共立出版

分析化学実技シリーズ
刊行のことば

　このたび「分析化学実技シリーズ」を日本分析化学会編として刊行することを企画した．本シリーズは，機器分析編と応用分析編によって構成される全30巻の出版を予定している．その内容に関する編集方針は，機器分析編では個別の機器分析法についての基礎・原理・装置・分析操作・実施例に関する体系的な記述，そして応用分析編では幅広い分析対象ないしは分析試料についての総合的解析手法および実験データに関する平易な解説である．機器分析法を中心とする分析化学は現代社会において重要な役割を担っているが，一方産業界においては分析技術者の育成と分析技術の伝承・普及活動が課題となっている．そこで本シリーズでは，「わかりやすい」，「役に立つ」，「おもしろい」を編集方針として，次世代分析化学研究者・技術者の育成の一助とするとともに，他分野の研究者・技術者にも利用され，また講義や講習会のテキストとしても使用できる内容の書籍として出版することを目標にした．このような編集方針に基づく今回の出版事業の目的は，21世紀になって科学および社会における「分析化学」の役割と責任が益々大きくなりつつある現状を踏まえて，分析化学の基礎および応用にかかわる研究者・技術者集団である日本分析化学会として，さらなる学問の振興，分析技術の開発，分析技術の継承を推進することである．

　分析化学は物質に関する化学情報を得る基礎技術として発展してきた．すなわち，物質とその成分の定性分析・定量分析によって得られた物質の化学情報の蓄積として体系化された分析化学は，化学教育の基礎として重要であるために，分析化学実験とともに物質を取り扱う基本技術として大学低学年で最初に教えられることが多い．しかし，最近では多種・多様な分析機器が開発され，いわゆる「機器分析法」に基礎をおく機器分析化学ないしは計測化学が学問と

して体系化されつつある．その結果，機器分析法は理・工・農・薬・医に関連する理工系全分野の研究・技術開発の基盤技術，産業界における研究・製品・技術開発のツール，さらには製品の品質管理・安全保証の検査法として重要な役割を果たすようになっている．また，社会生活の安心・安全にかかわる環境・健康・食品などの研究，管理，検査においても，貴重な化学情報を提供する手段として大きな貢献をしている．さらには，グローバル経済の発展によって，資源，製品の商取引でも世界標準での品質保証が求められ，分析法の国際標準化が進みつつある．このように機器分析法および分析技術は科学・産業・生活・経済などあらゆる分野に浸透し，今後もその重要性は益々大きくなると考えられる．我が国では科学技術創造立国をめざす科学技術基本計画のもとに，経済の発展を支える「ものづくり」がナノテクノロジーを中心に進められている．この科学技術開発においても，その発展を支える先端的基盤技術開発が必要であるとして，現在，先端計測分析技術・機器開発事業が国家プロジェクトとして推進されている．

　本シリーズの各巻が，多くの読者を得て，日常の研究・教育・技術開発の役に立ち，さらには我が国の科学技術イノベーションにも貢献できることを願っている．

「分析化学実技シリーズ」編集委員会

まえがき

　分析化学において，試料の微量化は絶対的に善であると考えられる．多くの分析機器では，検出性能（感度，精度），測定時間，必要試料量などが装置性能の指標となっており，試料の微量化は重要な開発項目の1つである．本書の「マイクロ流体分析（μTAS)」は，特定の分析機器の名称ではなく，さまざまな分析法を実現するためのプラットフォームである．微量試料を迅速に操作・解析できるμTASは，多くの分析法に応用することができる．実際に，本シリーズの機器分析編で取り上げられているほとんどの分析法がμTASで実現されている．さらに，μTASは分析化学以外の分野にも広く応用されており，これらすべてを本書で紹介することはできない．そのため，本書では，マイクロ流体分析（μTAS）の基本的な考え方，μTASを実現するためのデバイスの作製法，マイクロ流路内における流体のふるまい，などを紹介した後に，代表的なアプリケーションと最近のトピックを紹介する．これらを読めば，初学者でもマイクロ流体分析の概略が理解できるように構成されている．

　Chapter 1では，μTASの歴史と現状について解説する．Chapter 2では，μTASを実現するためのデバイスの作製法について述べ，Chapter 3では，バイオ分析の例として，バイオアッセイ，DNA分析，免疫分析について解説する．Chapter 4では，マイクロ流路内の流体のふるまいなどのμTASを実現する上で理解しておかなければならない重要事項と，その流体の流れを利用した湿式分析について概説する．Chapter 5では，マイクロチップクロマトグラフィーとして，ガスクロマトグラフィーと液体クロマトグラフィーを取り上げる．Chapter 6では，最近の話題として，生体模倣デバイス，デジタルマイクロフルイディクス，Microfluidic Paper-Based Analytical Device（紙チップ）を紹介する．生体模倣デバイス（Organ-on-a-Chip）は，臓器機能が集積化さ

れたデバイスの総称で，現在世界中で研究開発競争が行われている．生体機能の解明のような基礎科学研究から，薬剤のスクリーニングや動物実験の代替といった応用まで，幅広い応用が期待されている．デジタルマイクロフルイディクスは，液滴を操作して分析プロセスをデバイス上で実現するもので，従来のマイクロ流体分析の概念を広げるユニークな手法である．紙は，古くから分析化学ではなじみのある材料であるが，近年，紙上に流路を作製した紙チップが注目されている．グローバルヘルスのキーテクノロジーの1つとして期待されているだけでなく，食品分析や環境分析の簡易・迅速・安価なツールとしても注目されている．

　Chapter 6で紹介するように，μTAS は現在進行形で拡張・進化している．ちょっとしたアイデアが，新しい μTAS の潮流を生む可能性は十分にある．本書がそのようなアイデアを生むきっかけになれば幸いである．さらに高度な μTAS について学びたい読者には，多数の成書が出版されているので，それらを参考にされたい．

　最後に，本書の執筆の機会を与えていただいた原口紘炁編集委員長および編集委員の先生方に感謝申し上げます．また，執筆にあたってご協力いただいた共立出版編集部の皆様に厚くお礼申し上げます．

2020 年 9 月

渡慶次　学

目　次

イラスト／いさかめぐみ

Chapter 1

序論

　マイクロ流体分析（μTAS）研究は，化学，生物，医学，薬学などの基礎学問分野から，食品，環境，医療，エネルギーなどの応用分野（製品開発）まで広い範囲にわたって展開されている．本章では，個々のμTAS の例を紹介する前に，μTAS の歴史と現状について紹介する．

1.1

マイクロ流体分析の歴史

　マイクロ流体分析（μTAS）というコンセプトは，1990年にA. Manzらが *Sensors and Actuators B* 誌で最初に提唱した[1]．論文のタイトルは，"Miniaturized Total Chemical Analysis Systems：a Novel Concept for Chemical Sensing" となっており，論文中に "We propose that it be called a 'miniaturized total chemical analysis system'（μ-TAS)" と記述されている．現在，μTASはMiniaturized Total Chemical Analysis Systemsではなく，Micro Total Analysis Systems の略称として認知されている．おそらく化学分析に限定しない小型分析システムの方が適切であるからであろう．1994年のオランダのEnschedeで開催された第1回のμTASに関するワークショップでは，Micro Total Analysis Systems という名称になっている[2]．

　第1回から第4回までは隔年で開催されており，第4回（2000年）以降は現在まで毎年開催されている（**表1.1**）．第8回（2004年）からは，ヨーロッパ，北米，アジアの3領域をローテーションして開催されており，μTASに関する研究の最も重要な国際会議（μTAS国際会議：International Conference on Miniaturized Systems for Chemistry and Life Sciences）として位置付けられている．第1回は，発表：約40件，参加者数：約100人だったのが，現在では，発表：約700件，参加者数：約1200人となっており，化学分析のみならず，幅広い分野への基礎および応用が研究対象になっている．

　ManzらがμTASのコンセプトを提唱する10年以上も前に，直径5cmのシリコンウェーハー上にガスクロマトグラフィーを集積化したTerryらの報告がある[3]（5.1節参照）．報告されたガスクロマトグラフシステムは，インジェクター，マイクロバルブ，カラム，熱伝導度検出器などが集積化されており，まさにμTASと言えるものである．しかし，この論文はあまり注目され

表 1.1 μTAS 国際会議

回数	西暦	開催場所	回数	西暦	開催場所
1	1994	Enschede オランダ	13	2009	Jeju 韓国
2	1996	Basel スイス	14	2010	Groningen オランダ
3	1998	Banff カナダ	15	2011	Seattle アメリカ
4	2000	Enschede オランダ	16	2012	沖縄 日本
5	2001	Monterey アメリカ	17	2013	Freiburg ドイツ
6	2002	奈良 日本	18	2014	San Antonio アメリカ
7	2003	Squaw Valley アメリカ	19	2015	Gyeongju 韓国
8	2004	Malmö スウェーデン	20	2016	Dublin アイルランド
9	2005	Boston アメリカ	21	2017	Savannah アメリカ
10	2006	東京 日本	22	2018	Kaohsiung 台湾
11	2007	Paris フランス	23	2019	Basel スイス
12	2008	San Diego アメリカ	24	2020	オンライン*

＊新型コロナウイルス感染症の世界的な蔓延によりオンライン会議

ず，継続研究もなく，大きな広がりを見せなかった．μTAS 研究が現在のように大きく進展した理由はいくつかの要因があると考えられる．

まず第一に，マイクロ流路を利用したキャピラリー電気泳動法が 1992 年に報告されたことである[4]．マイクロチップ電気泳動により，超微量の生体関連分子（アミノ酸や DNA など）の超高速分離が可能になり[5,6]，キャピラリーシーケンサーの後継技術（次世代シーケンサー）として大きな期待を集め，研

究開発費が投入され，世界的な開発競争が繰り広げられた．これにより，多く
の研究者・技術者がこの分野に参入した．実際には，マイクロチップ電気泳動
は，次世代シーケンサーのコア技術とはならなかったが，これらの技術開発に
より，1999年にマイクロチップ電気泳動装置が市販されるに至っている．そ
の後，マイクロチップ電気泳動装置が数社から市販されており，現在では
DNAやRNA解析の汎用ツールとなっている．

　次に，ソフトリソグラフィーが開発されたことがあげられる[7]（2.4節参
照）．従来，マイクロチップはシリコンやガラス基板上に半導体微細加工技術
を利用して作製するため，その作製にはクリーンルームや半導体微細加工装置
が必要であった．そのような設備を利用できる研究者は限られるため，研究者
がこの分野に新たに参入することは簡単ではなかった．そのような状況の中，
特別な設備を用いずにシリコーン（PDMS：ポリジメチルシロキサン）製のマ
イクロチップを作製することができるソフトリソグラフィーが開発されたこと
で，μTASの研究者人口が爆発的に増加した．また，その他にもμTAS国際
会議の拡充や，2001年に英国王立化学会（RSC）から *Lab on a Chip* 誌，2004
年にSpringerから *Microfluidics and Nanofluidics* 誌，2007年にアメリカ物理
学協会（AIP）から *Biomicrofluidics* 誌というμTASに関する論文誌が相次い
で発刊されたこともこの分野の発展に寄与した．

1.2 μTAS の現状

　ManzらのμTASのコンセプトが報告されてから30年が経過した現在，
μTAS研究は化学，生物，医学，薬学などの基礎学問分野から，食品，環境，
医療，エネルギーなどの応用分野まで広範囲にわたって展開されている．近年
のμTAS研究では，液滴流体デバイス（4.3節参照），臓器模倣デバイス（6.

表 1.2	マイクロチップや周辺機器を販売する企業の例

会社名	所在地	主要製品	備考
Micronit	Enschede オランダ	マイクロチップ，チップアクセサリー，ポンプ，キット等	日本代理店：株式会社共同インターナショナル
Microfluidic ChipShop GmbH	Jena ドイツ	マイクロチップ，チップアクセサリー，ポンプ，キット等	日本代理店： 株式会社 ASICON
Dolomite	Royston 英国	マイクロチップ，チップアクセサリー，ポンプ，キット等	Dolomite は英国 Blacktrace Holdings Ltd のブランド．国内では，BlacktraceJapan 株式会社が販売
マイクロ化学技研株式会社	川崎 日本	マイクロチップ，チップアクセサリー，ポンプ，キット等	ガラス製チップ
日本ゼオン株式会社	東京 日本	マイクロチップ	COP 製チップ
住友理工株式会社	名古屋 日本	マイクロチップ	PDMS 製チップ

1 節参照），デジタルマイクロフルイディクス（6.2 節参照），紙チップ（6.3 節参照）などの新しいコンセプトに基づくプラットフォームが提案され，さらに大きな広がりを見せている．また，マイクロメートルスケールからナノメートルスケールにスケールダウンしたナノフルイディクスに関する研究も進んできており，ナノスケールで顕在化する表面の効果を利用した分離[8,9]など分析化学的にも興味深い研究が報告されている．さらに，医療応用においては，既存装置の高効率化ではなく，マイクロチップで初めて可能となる診断技術などが報告されており，実用化に向けた開発が進められている．

　また，現在では，研究開発用途のマイクロチップの作製や関連製品の販売などを行う企業が複数あり（**表 1.2**），初心者用のキットやカスタムメイドのチップを購入することができる．

1) Manz, A., Graber, N., Widmer, H. M.: *Sens. Actuators B Chem.*, **1**, 244 (1990).

2) van den Berg, A., Bergveld, P. Eds,: Micro Total Analysis Systems, Kluwer Academic Publishers, Dordrecht (1995).

3) Terry, S. C., Jerman, J. H., Angell, J. B.: *IEEE Trans. Electron Devices*, **26**, 1880 (1979).

4) Harrison, D. J., Manz, A., Fan, Z., Lüdi, H., Widmer, H. M.: *Anal. Chem.*, **64**, 1926 (1992).

5) Harrison, D. J., Fluri, K., Seiler, K., Fan, Z., Effenhauser, C. S., Manz, A.: *Science*, **261**, 895 (1993).

6) Effenhauser, C. S., Paulus, A., Manz, A., Widmer, H. M.: *Anal. Chem.*, **66**, 2949 (1994).

7) Xia, Y., McClelland, J. J., Gupta, R., Qin, D., Zhao, X.-M., Sohn, L. L., Celotta, R. J., Whitesides, G. M.: *Adv. Mater.*, **9**, 147 (1997).

8) Ishibashi, R., Mawatari, K., Kitamori, T.: *Small*, **8**, 1237 (2012).

9) Yasui, T., Kaji, N., Ogawa, R., Hashioka, S., Tokshei, M., Horiike, Y., Baba, Y.: *Nano Lett.*, **15**, 3445 (2015).

Chapter 2

マイクロ流体デバイスの作製法

マイクロ流体デバイスは，ガラスやシリコン，ポリマー（アクリルやシリコーンゴム）などをデバイスの部材として使用する．それらの基板に幅 $10 \sim 1000\,\mu\mathrm{m}$ の溝を作製して，基板同士を接合することによってマイクロ流体デバイスは作製される．マイクロ流体デバイスの用途や使用する試薬などによって，最適な部材を選択する必要がある．また，マイクロ流路の加工方法は，用いる部材によって様々であり，エッチングやフォトリソグラフィーなどが用いられる．本章においては，一般的なマイクロ流体デバイスの作製法・加工法について紹介する．

マイクロ流体デバイスの種類

　これまでに，生体分子検出[1,2]，細胞分離やスクリーニング[3,4]，有機合成やナノ粒子合成用[5,6]など，様々な用途のマイクロ流体デバイスが報告されている．生体分子の検出や細胞分離では，主に緩衝液など水系の溶媒が用いられるが，有機合成ではトルエンやクロロホルムなどの有機溶媒が用いられることが多い．ポリマー製のマイクロ流体デバイスは，このような低極性の有機溶媒に対して耐性を示さない．したがって，これらの用途に適したマイクロ流体デバイスを作製する必要がある．デバイスの部材として，ガラスやシリコン，エラストマー，polymethylmethacrylate（PMMA），cycloolefin copolymer（COC）などのポリマーが用いられる．その他にも，マイクロ流路へのタンパク質などの非特異的吸着を抑制可能な PTFE（polytetrafluoroethylene）[7]や近年，研究が進んでいる紙チップでは，ろ紙を部材としたマイクロ流路流体デバイスが開発されている[8]．紙チップについては，6.3 節で詳しく述べる．

　表 2.1 にそれぞれの部材で作製したマイクロ流体デバイスの特徴を示す．ガラスやシリコンは，マイクロ流体分析や MEMS（Micro Electro Mechanical Systems）の初期から最もよく用いられるデバイス素材である．ポリマー素材と比較して，有機溶媒への耐性が高く，エッチングなどの従来の半導体微細加工技術によって，デバイス作製が可能である．特に，ガラスは上記の特徴に加えて光学特性に優れており，光学顕微鏡などによる測定が容易である．これは，マイクロ流体分析において大きな利点である．生体関連物質の分析などにおいては，ガラス表面の表面修飾が行われる場合がある．

　エラストマーとは，シリコーンゴムのように常温で弾性を示す高分子材料である．poly（dimethyl）siloxane（PDMS）（シリコーンゴム）は，マイクロ流体デバイスで最も多く用いられるエラストマーである．PDMS もガラスと同

基板材質	ガラス	シリコン	PMMA COC	PDMS	PTFE
加工方法	エッチング	エッチング	ホットエンボス 射出成形 レーザー	モールディング	ホットエンボス
耐熱性	○	○	×〜△	△	△
有機溶媒耐性	○	○	×〜△	×	○
光学特性	○	×	○	○	△
作製コスト	△	△	○	○	○

表2.1　各材料で作製されたマイクロ流体デバイスの特徴

様に透明であるため光学観察に適している．また，多くの場合，SU-8などの厚膜レジストを用いたフォトリソグラフィーによって，鋳型を作製するため，ガラスの場合よりも安価に短時間で多くのデバイスを作製することができる[9,10]．デバイスの表面修飾がガラス基板とほぼ同じ方法で可能であり，生体試料分析や細胞培養などのバイオ分析用マイクロ流体デバイスの代表的な部材である．その他，高いガス透過性や酸素溶解性など，PDMSに独特な特性がある．一方で，有機溶媒で膨潤しやすく，表面が疎水性（メチル基）のためタンパク質などの非特異的吸着が大きいなどの欠点もある．

　PMMAやCOCなどのポリマーもバイオ分析用のマイクロ流体デバイスの部材として用いられることが多い[11,12]．これらの部材も透明性が高く，光学観察に適している．さらに，デバイスの接合や表面修飾も容易であり，原料も比較的安価である．一方で，有機溶媒への耐性や熱耐性はあまり高くない．しかし，ポリマー性のマイクロ流体デバイスは，使い捨て可能であり，大量生産をすることで製造コストを低下できるため，臨床診断用デバイスとしての利用が期待できる．その他にも，ハイドロゲルを用いたマイクロ流体デバイスや上記の部材を組み合わせたデバイスなど様々な種類のマイクロ流体デバイスが開発されている．

2.2 マイクロ流体デバイスの作製方法

　マイクロ流体デバイスの作製方法は，これまでに様々な手法が開発されており，デバイス（基板）の材質やマイクロ流路の寸法・精度，または，コストや生産量によって，最適な作製方法が選択される．まず，マイクロ流路や構造体のパターンを2D，あるいは3D CAD（Computer Aided Design）で作成する．その後，デバイス作製に用いるフォトマスクや鋳型（金型）を作製する．機械加工や3Dプリンター[13]によって作製する場合は，フォトマスクや鋳型は不要で，CADデータを基に直接デバイス作製を行うこともできる．流路パターンを形成した基板は，別に加工した基板，あるいは，未加工の基板と接合して蓋をすることで，マイクロ流体デバイスとして完成する．さらに，実験目的に応じて流路表面を修飾する．以下の節では，2.3節～2.7節でマイクロ流路の加工法，2.8節で基板接合，2.9節で表面修飾について述べる．

2.3 エッチング

　シリコン基板やガラス基板の加工には，ウエットエッチング，ドライエッチング，あるいはマイクロ機械加工が用いられる．本節では，エッチングについて述べる．エッチングとは，薬品や反応性のガス，イオンなどによって，基板（シリコン，ガラス，金属，ポリマー）を加工する技術である．

　図 **2.1** にエッチングによるガラス製マイクロ流体デバイスの作製工程を示す．エッチングの場合には，あらかじめ基板にレジスト（基板をエッチング液・ガスから保護する役割）をパターニングする．また，深掘エッチングの場合には，レジストの代わりにクロムをパターニングして保護膜とする．エッチングは，大きく分けてウエットエッチングとドライエッチングに分類できる．ウエットとドライの違いは，エッチングに溶液（薬品）を用いるか，反応性のガスやイオンを用いるかである．また，エッチングの加工形状の違いによって，等方性エッチングと異方性エッチングがある（**図 2.2**）．ウエットエッチングは，ガラス基板を加工するための一般的な手法である．デバイス作製手順を以下に示す（図 2.1）．

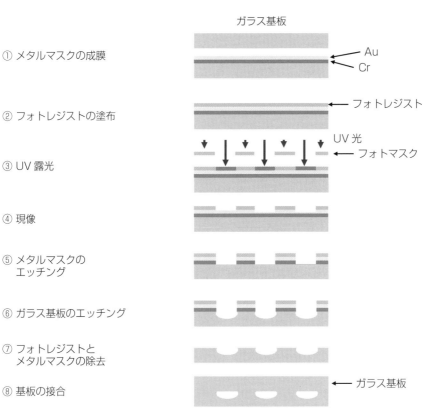

ガラス基板

① メタルマスクの成膜 — Au / Cr

② フォトレジストの塗布 — フォトレジスト

③ UV 露光 — UV 光 / フォトマスク

④ 現像

⑤ メタルマスクの
　エッチング

⑥ ガラス基板のエッチング

⑦ フォトレジストと
　メタルマスクの除去

⑧ 基板の接合 — ガラス基板

図 2.1　エッチングによるマイクロ流体デバイスの作製工程

図 2.2 (a) 等方性エッチングと (b) 異方性エッチング

① **メタルマスクの成膜**

アニール処理後に十分に洗浄したガラス基板にメタルマスク（Au/Cr）を成膜する．基板は，ピラニア溶液（硫酸と過酸化水素水の混合液）で洗浄する．ピラニア溶液は，強力な酸化作用をもち，調製時に発熱するため，取り扱いには十分注意する．Au はエッチング溶液に対する基板の保護膜であり，Cr は Au とガラス基板の密着性を向上させるために用いる．一般的には，スパッタリング法や真空蒸着法によって成膜が行われる．

② **フォトレジストの塗布**

ポジ型のフォトレジスト（例：TSMR や OFPR など（東京応化工業），露光部分が現像によって溶解する）をスピンコートによって基板上に成膜する．膜厚は，スピンコーターの回転数で制御できる．ガラス基板は，親水性のためフォトレジストの付着性が悪い場合がある．その場合は，HMDS（ヘキサメチルジシラザン）を塗布することで，ガラス基板とフォトレジストの密着性を向上できる．フォトレジストを成膜後，レジストの溶媒を除去するために，ホットプレートでベーク（加熱）する．

③ **UV 露光**

フォトレジストを塗布した基板にフォトマスクを密着させて，マスクアライナーなどで UV 露光を行う．TSMR や OFPR は，ポジ型のフォトレジスト（現像工程で露光部分が溶解する）であるため，フォトマスクは，マイクロ流路を作製したい箇所は，UV 光が透過するパターンになる必要がある．UV 露光後，現像を行って，UV 露光された箇所のレジストを除去する．現像には，水酸化テトラメチルアンモニウム（TMAH，商品名：NMD-3（東京応化工業））を用いることが多い．

④ **メタルマスクのエッチング**

フォトレジストを保護膜として，Au/Cr のエッチングを行う．Au のエッ

チング液には，ヨウ素＋ヨウ化アンモニウム水溶液（例：AURUM シリーズ（関東化学））が用いられる．また，Cr のエッチング液には，硝酸第二セリウムアンモニウム（例：MPM-E 350（DNP ファインケミカル））が用いられる．

⑤ **ガラス基板のエッチング**

メタルマスクを保護膜として，ガラス基板のエッチングを行い，マイクロ流路を作製する．エッチング液には，フッ化水素酸（49％）やバッファードフッ酸（フッ化水素酸とフッ化アンモニウムの混合液）を用いる．それぞれのエッチング液で，エッチング速度が異なるため，目的のマイクロ流路の深さに応じたエッチング液を選択する．ガラス基板のウエットエッチングは，等方性エッチングのため，マイクロ流路の断面形状は同心円状となる．

⑥ **フォトレジストとメタルマスクの除去**

ガラス基板に残っているフォトレジストとメタルマスクを除去する．フォトレジストは，基板をアセトンに浸漬して，超音波洗浄することで容易に除去できる．Au および Cr は，それぞれのエッチング液によって除去する．

⑦ **基板の接合**

溶液の導入孔と排出孔を加工した基板とマイクロ流路を加工した基板を接合する．接合前にそれぞれの基板を洗浄する．基板上に不純物がある場合には，接合がうまくいかないことがあるので，基板は十分に洗浄する必要がある．ガラス基板同士の場合は，熱融着によって接合を行う．ガラス-シリコンの場合は，陽極接合が用いられる．熱融着の場合は，ガラスの軟化点近傍で接合を行う．しかし，最近ではガラス基板の低温接合も行われている[14]．接合に関しては，2.8 節でより詳細に述べる．

ウエットエッチングは，エッチング液の濃度や撹拌速度，温度などによって，エッチング速度が変化する．ドライエッチングと比較すると加工精度は劣るが，危険な反応性ガスを使う必要がなく，装置も安価である．シリコン基板のウエットエッチングも基本的にはガラス基板の同様の工程（①エッチングマ

スクのパターニング，②シリコン基板のエッチング，③エッチングマスクの除去）で行われる．しかし，シリコン基板の場合は，エッチング液によって等方性エッチングと異方性エッチングの選択が可能である．等方性エッチングの場合は，フッ化水素酸，硝酸，酢酸の混合液を用いる．一方で，異方性エッチングの場合は，水酸化カリウムや水酸化テトラメチルアンモニウム（TMAH）などのアルカリ性の溶液を用いる．異方性エッチングは，シリコンの結晶面のエッチング液に対する溶解速度差によって生じる．この特徴を利用して，様々な構造体を作製することも可能である．

　ドライエッチングは，反応性ガスやラジカルによって基板の加工を行う方法である．等方性エッチングの場合は，CF_4ガスが用いられる．一方で，反応性イオンエッチング（Reactive Ion Etching；RIE）は，異方性エッチングを可能とする．RIEは，高周波電界を印加してプラズマを発生させて，それによって加速されたイオンやラジカルが基板に垂直に入射することで垂直にエッチングが進行する．さらに，深掘りRIE（DRIE）と呼ばれる高アスペクト比の加工が可能なエッチング法もあり，特にMEMS分野では不可欠な技術である[15]．RIEは，ウエットエッチングよりも高精度な加工が可能なため，マイクロ流体デバイス作製においてよく利用される．基本的な工程は，ウエットエッチングとほぼ同じであるが（図2.1），RIEは作製条件によっては，フォトレジスト自体をエッチングマスクに用いることが可能である（メタルマスクが不要）．エッチングガスには，SF_6とC_4F_8などを用いる．SF_6でエッチングが行われ，C_4F_8で側壁保護膜が堆積し，横方向へのエッチングを抑制する．この工程を交互に行うエッチング方法は，ボッシュプロセスと呼ばれ，高アスペクト比の加工が可能である．ガラス基板の場合は，エッチング速度がシリコン基板よりも非常に遅いが，高精度の加工が可能である．より微細なナノ流路やナノ構造体の場合は，電子線リソグラフィーによるパターニングとドライエッチングによる基板加工が利用されている．

2.4

ソフトリソグラフィー

　ポリマー製マイクロ流体デバイスの中でも，PDMSはバイオ分析において
は，最もよく利用されているデバイス部材の1つである．一般的に，PDMS
製マイクロ流体デバイスは，**図2.3**に示すフォトリソグラフィーによる鋳型
作製とモールディングによる流路パターンの転写（ソフトリソグラフィー）に
よって作製される[9]．具体的には，厚膜フォトレジストであるSU-8（エポキ
シ樹脂系フォトレジスト）によって鋳型を作製し，その鋳型に未硬化のPDMS
を流し込み，熱硬化させることで得られる．以下にPDMS製マイクロ流体デ

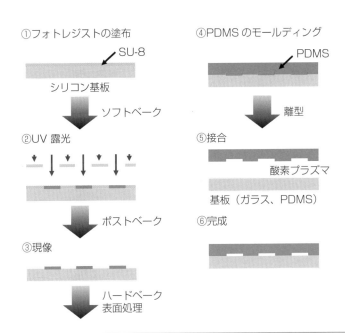

①フォトレジストの塗布　　　　　④PDMSのモールディング

SU-8　　　　　　　　　　　　　PDMS

シリコン基板

ソフトベーク　　　　　　　　離型

②UV露光　　　　　　　　　　　⑤接合

酸素プラズマ

基板（ガラス、PDMS）

ポストベーク　　　　　　　⑥完成

③現像

ハードベーク
表面処理

図2.3　ソフトリソグラフィーによるPDMS製マイクロ流体デバイスの作製工程

バイスの作製工程を示す.

① **基板の洗浄**

シリコン基板をアセトン,イソプロパノールで洗浄する.エアガンで乾燥後,ホットプレートで十分にベークする.ベーク後,基板を室温まで冷ます.

② **フォトレジストの塗布**

鋳型作製には,厚膜作製が可能なネガ型のフォトレジスト(露光部分が硬化する)であるSU-8シリーズ(日本化薬)が用いられる.SU-8は,350-400 nmの波長(推奨波長:365 nm)で硬化するエポキシ系のネガ型フォトレジストであり,1回のスピンコートで数 μm〜数百 μmの膜厚で塗布することができる.膜厚は,SU-8の種類(溶媒の粘度が異なる)とスピンコーターの回転数で制御可能である.洗浄した基板にSU-8を注ぎ,スピンコーターで任意の膜厚になるように塗布する.スピンコート条件(回転数,スロープ,塗布量)は,膜厚の精密制御で重要であるため,最適化する必要がある.

③ **ソフトベーク**

SU-8を塗布後,ホットプレートでソフトベーク(露光前ベーク)を行い,レジストの溶媒を除去する.ソフトベークと後述するポストベーク(露光後ベーク)は,65℃と95℃の2段階ベークをすることで熱応力を低減できる.ベーク時間は膜厚に依存する.ベーク時間が不足するとUV露光の際に,レジストがフォトマスクに付着してしまうので注意する.ソフトベークを任意の時間を行った後,室温まで緩やかに冷ます.

④ **UV露光**

溶媒が完全に除去されているのを確認後,SU-8を塗布したシリコン基板にフォトマスクを密着させて,マスクアライナーにセットし,紫外線を照射する.露光時間は,膜厚に依存するため,最適な照射時間を設定する.SU-8 3000シリーズは,露光量の影響は少ないが,露光が不足するとレジストの架橋が十分に進行しないため,現像過程で作製したパターンが剥離することがある.一方で,露光量が多すぎる場合は,現像後のパターンが

設定よりも太くなるので，最適な露光条件を設定する必要がある．また，UV 露光後に，再度 SU-8 を塗布して違うパターンのフォトマスクを介して 2 度目の UV 露光を行うことで，多層構造のマイクロ流路を形成することも可能である[16]．

⑤ **ポストベーク**

露光後，ホットプレートでポストベークを行うことで，SU-8 の高分子鎖が架橋・硬化する．ポストベークでも 65℃ と 95℃ の 2 段階ベークが推奨される．ポストベークを任意の時間行った後，室温まで緩やかに冷ます．

⑥ **現像**

基板を現像液（SU-8 Developer（主成分：propylene glycol monomethyl ether acetate）（日本化薬））に浸漬して，未硬化の SU-8 を除去する．現像時間は膜厚に依存する．現像後，基板を SU-8 Developer で洗浄して，イソプロパノールでリンスする．リンス時に，溶液が白く変化する場合は，SU-8 の除去が十分ではないので，さらに現像を行う．現像後は，溶媒をエアガンなどで除去し，ハードベーク（追加の加熱によって高分子鎖の架橋反応を促進）によってレジストの機械的強度を向上させる．

⑦ **表面処理**

ハードベーク後は基板を室温まで冷まし，離型剤（例：$CF_3(CF_2)_6(CH_2)_2 SiCl_3$ など）で表面処理を行う．表面処理によって，基板からの PDMS の離型が容易になる．

⑧ **PDMS のモールディング**

脱気した PDMS を SU-8 モールドに流し込み，オーブンなどで加熱後，PDMS をモールドから剥離する．剥離した PDMS（マイクロ流路が形成）を別の PDMS 基板やガラス基板などに接着することでマイクロ流体デバイスが完成する．

これまでに，さまざまな PDMS 製マイクロ流体デバイスが開発されている．たとえば，微小液滴生成[17,18]，マイクロチャンバー[19]，マイクロミキサー[20]，流体制御バルブを有するデバイス[21]が報告されており，遺伝子解析，生体分子測定・分析，高機能材料合成などへの応用が行われている（**図 2.4**）．

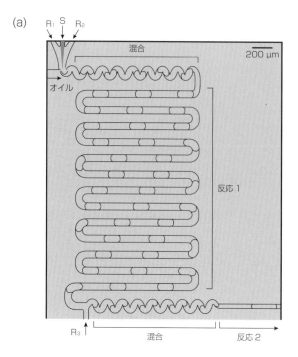

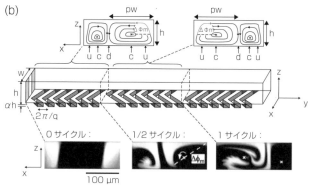

図2.4　PDMS製マイクロ流体デバイスの応用例

（a）微小液滴によるナノ粒子生成，（b）マイクロミキサー
【出典】（a）Shestopalov, I. *et al.*: *Lab Chip*, **4**, 316（2004）.
　　　　（b）Stroock, A. D. *et al.*: *Science*, **295**, 647（2002）.

2.5

射出成形とホットエンボス

Chapter 1

Chapter **2**

Chapter 3

Chapter 4

Chapter 5

Chapter 6

　PMMA や COC などのポリマーは熱可塑性樹脂であるため，マイクロ流路の形状が決まれば，金型を作製して，射出成形やホットエンボス（hot embossing）などによって，大量生産やナノメートルオーダーの微細パターンを作製することができる（図5.17も参照されたい）．また，ドライエッチングやレーザー加工によっても微細パターンを作製可能である．

　射出成形は，プラスチック製品の代表的な加工法であり，マイクロ流体デバイスの作製にも用いられている．一般的には熱可塑性樹脂が用いられる場合が多い．製造過程は，加熱融解した樹脂を金型に射出注入後，冷却することで樹脂を成形する．ホットエンボスは，加熱された樹脂（ガラス転移点以上）に微細構造が形成された金型をプレスすることで，樹脂に流路パターンを転写する加工法である．この場合も，デバイス材料には熱可塑性樹脂が用いられる．ポリマー製マイクロ流体デバイスは，ガラス製マイクロ流体デバイスよりも低コストであり，分析・診断後に使い捨てが可能であるという利点がある．さらに，射出成形やホットエンボスは，短時間に大量生産が可能であり，デバイス作製コストを低減させることができる．これまでに解説した DRIE や LIGA プロセスによって鋳型を作製すれば，高アスペクト比のマイクロ流体デバイスを作製することができる．

2.6 LIGA プロセス

LIGA プロセスとは，フォトリソグラフィー（Lithographie），電界めっき（Galvanoformung），成形（Abformung）の各工程からなる微細加工プロセスである[22]．製造工程は，①リソグラフィー，②電鋳（めっき），③モールディングに大きく分類できる．

① **リソグラフィー**

まず，金属基板にレジストを塗布する．LIGA プロセスの場合，レジストには PMMA が用いられる．その後，X 線リソグラフィーによって，マスクのパターンをレジストに転写する．露光部の PMMA は，現像液によって除去される．光源には，高輝度で指向性が高い放射光 X 線が用いられるため，高アスペクト比の構造体を作製することができる．

② **電鋳（めっき）**

リソグラフィーによって作製した PMMA 構造体を鋳型として，電気めっきによって基板上に金属を堆積する．金属を堆積後，PMMA を除去する

| 図2.5 | LIGA プロセスによって作製された構造体 |

【出典】Ehrfeld, W. *et al.*: *Microsyst. Technol.*, **7**, 145 （2001）.

ことでデバイスの金型ができる.

③ モールディング

作製した金型に樹脂を流し込み,後述する射出成形やホットエンボスによって,マイクロ流体デバイスを作製する.

図 2.5 に LIGA プロセスによって作製された構造体を示す.このように,LIGA プロセスは,従来のフォトリソグラフィーでは実現できないような高アスペクト比の構造体を量産することが可能となる.

2.7 ナノインプリント

ナノインプリントは,微細構造が形成された金型を樹脂にプレスして,樹脂にパターンを転写するため,基本的にはホットエンボス加工を改良した技術である[23].ナノインプリントには,熱ナノインプリントと光ナノインプリントという 2 種類の加工法がある.本加工法では,図 2.6 に示すような 10 nm 程度の超微細構造を基板に転写することができる.現在,光ナノインプリントが主流であり,レジストには UV 照射によって硬化する光硬化性樹脂を用いる[24].まず,基板にレジストをスピンコート後,モールドでプレスする.UV を照射する必要があるため,一般的には透明な石英ガラスをモールドとして用いる.UV を照射してレジストを硬化後,モールドを基板から離型する.光ナノインプリントの場合は,モールドのプレスと離型の際に,加熱や冷却が不要であるため,熱ナノインプリントよりも製造時間が短くなる.また,モールドをプレスするときの加圧が小さいため,モールドや基板の変形が生じにくい.さらに,モールドの透明性が非常に高いため,高精度の位置合わせが可能である.

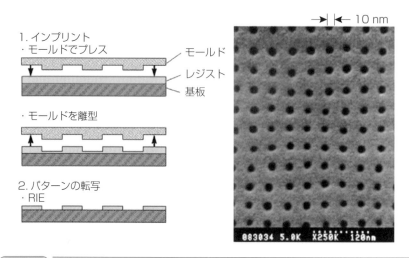

→| |← 10 nm

1. インプリント
・モールドでプレス
　　　　　　　　　モールド
　　　　　　　　　レジスト
　　　　　　　　　基板

・モールドを離型

2. パターンの転写
・RIE

083034 5.0K X250K 120nm

図 2.6 ナノインプリントによるマイクロ流体デバイス作製法

【出典】Chou, S. Y. *et al.*: *J. Vac. Sci. Technol. B*, **15**, 2897（1997）.

2.8

基板接合

　流路パターンや微細構造を加工した基板は，別の基板と接合して蓋をすることで，マイクロ流体デバイスとして完成する．接合方法は，陽極接合[25]，熱融着[26]，プラズマ接合[9,10]，フッ化水素酸[27]，有機溶媒[29]や接着剤[29]の利用など，基板の種類や組み合わせによって異なる．本節では，一般的にマイクロ流体デバイスの接合で用いられている，陽極接合，熱融着，プラズマ接合について述べる．

　陽極接合は，シリコン–ガラス製マイクロ流体デバイスの接合に用いられる，MEMS分野で古くから用いられる手法である．加工後に十分に洗浄した

基板同士を貼り合わせて（位置合わせをして），400〜500 V の電圧を印加しながら 400℃ 程度で加熱すると，界面の静電引力で基板が接合する．

　ガラス基板同士の接合は，熱融着で行われることが多い．また，アクリルなどのポリマー基板でも熱融着が用いられる．熱融着では，基板同士を張り合わせた後，加圧しながら加熱することで，基板の直接接合を行う．ガラス基板の場合は，張り合わせた基板をガラスの軟化点近傍の温度で数時間加熱する．ポリマー基板の場合は，ガラス基板よりも軟化点が低いため，接合は容易ではあるが，一方で流路が潰れる可能性がある．そのため，流路の変形や接着不足による液漏れを防ぐために，接合条件の最適化が必要である．また，近年ではガラス基板の低温接合法が開発されており，流路の表面修飾後に基板の接合を行うこともできる[30]．これによって，シランカップリング剤であらかじめパターニングした基板を低温接合し，その後抗体などの生体分子と化学結合させることが可能である．これは，ナノ流路のような基板接合後の表面修飾が困難なデバイスにおいて有用な手法になると期待される．

　プラズマ接合は，PDMS とガラス基板，ポリマー基板，または，PDMS 同士の接合に利用されている．一般的には，酸素プラズマが用いられており，接合したい基板表面に酸素プラズマを 30 秒ほど照射して，プラズマ照射面同士を貼り合わせると，不可逆的に接合できる．PDMS と PMMA，COC などのポリマー基板との接合の場合は，酸素プラズマの照射だけでは接合強度が不足することがある．その場合は，アミノプロピルトリエトキシシラン（APTES）による表面修飾によって，接合強度が向上する[31]．ポリマー基板に酸素プラズマを照射後，APTES 水溶液に基板を 20 分ほど浸漬して，水でリンス，乾燥させる．その後，酸素プラズマを照射した PDMS 基板と APTES で化学修飾したポリマー基板を貼り合わせることで，基板同士を接合することができる．

マイクロ流体デバイスの表面修飾

　作製したマイクロ流体デバイスは，必要に応じて表面修飾が施される．マイクロ流体デバイスは，バルクの系と比較して大きな比表面積（表面積/体積）をもつ．そのため，流路表面の制御はバイオ分析チップの設計において，とりわけ重要な要素である．表面修飾の目的としては，流路表面の濡れ性制御，タンパク質などの生体関連物質の流路表面への非特異的吸着の抑制[32]，DNAや抗体，酵素，有機分子などの流路表面への固定化とプロテオミクス[33,34]，イムノアッセイ[35,36]などへの応用である．

　表面修飾の方法は，物理吸着を利用する方法と化学結合を利用する方法がある．物理吸着では，静電相互作用や疎水性相互作用などによって，目的の生体分子を直接，あるいは，目的分子と親和性がある分子を介して基板に固定化する．物理吸着は，基板と分子の相互作用は弱いが，簡便に分子の固定化ができる．一方で，化学結合では，基板表面の官能基を利用して，基板と目的分子などを強固に固定化する．たとえばガラス基板にタンパク質や抗体を結合する場合，まず，基板をアミノシランで処理する．その後，グルタルアルデヒド，タンパク質（抗体）の順番で溶液を流入させることで，基板上にタンパク質が固定化される．その他にも，活性エステル基が導入されたビオチンとアミノ化ガラス基板を反応させることで，アビジンを介して，ビオチン標識抗体を固定化できる．グルタルアルデヒドは，タンパク質の変性や抗体のエピトープ認識部位のマスクなどを招く可能性があるが，アビジン-ビオチンの相互作用を利用することで，より穏やかな条件で特異的に抗体を結合できる．

文献

1) Bange, A., Halsall, H. B., Heineman, W. R.: *Biosens. Bioelectron.*, **20**, 2488（2005）.
2) Lagally, E. T., Medintz, I., Mathies, R. A.: *Anal. Chem.*, **73**, 565（2001）.
3) Nagrath, S., Sequist, L. V., Maheswaran, S., Bell, D. W., Irimia, D., Ulkus, L., Smith, M. R., Kawak, E. L., Digumarthy, S., Muzikansky, A., Ryan, P., Balis, U. J., Tompkins, R. G., Haber, D. A., Toner, M.: *Nature*, **450**, 1235（2007）.
4) Brouzes, E., Medkova, M., Savenelli, N., Marran, D., Twardowski, M., Hutchison, J. B., Rothberg, J. M., Link, D. R., Perrimon, N., Samuels, M. L.: *Proc. Natl. Acad. Sci. USA*, **106**, 14195（2009）.
5) Webb, D., Jamison, T. F.: *Chem. Sci.*, **1**, 675（2010）.
6) Yen, B. K. H., Günther, A., Schmidt, M. A., Jensen, K. F., Bawendi, M. G.: *Angew. Chem. Int. Ed.*, **44**, 5447（2005）.
7) Ren, K., Dai, W., Zhou, J., Su, J., Wu, H.: *Proc. Natl. Acad. Sci. USA*, **108**, 8162（2011）.
8) Cheng, C. M., Martinez, A. W., Gong, J., Mace, C. R., Phillips, S. T., Carrilho, E., Mirica, K. A., Whitesides, G. M.: *Angew. Chem. Int. Ed.*, **49**, 4771（2010）.
9) McDonald, J. C., Duffy, D. C., Anderson, J. R., Chiu, D. T., Wu, H., Schueller, O. J. A., Whitesides, G. M.: *Electrophoresis*, **21**, 27（2000）.
10) McDonald, J. C., Whitesides, G. M.: *Acc. Chem. Res.*, **35**, 491（2002）.
11) Lee, G. W., Chen, S. H., Huang, G. R., Sung, W. C., Lin, Y. H.: *Sens Actuators, B Chem.*, **75**, 142（2001）.
12) Steigert, J, Haeberle, S., Brenner, T., Müller, C, Steinert, C. P., Koltay, P., Gottschlich, N., Reinecke, H., Rühe, J., Zengerle, R., Ducrée, J.: *J. Micromech. Microeng.*, **17**, 333（2007）.
13) Anderson, K. B., Lockwood, S. Y., Martin, R. S., Spence, D. M.: *Anal. Chem.*, **85**, 5622（2013）.
14) Xu, Y., Wang, C., Li, L., Matsumoto, N., Jang, K., Dong, Y., Mawatari, K., Suga, T., Kitamori, T.: *Lab Chip*, **13**, 1048（2013）.
15) Wu, B., Kumar, A., Pamarthym S.: *J. Appl. Phys.*, **108**, 051101（2010）.
16) del Campo, A., Greiner, C.: *J. Micromech. Microeng.*, **17**, R81（2007）.
17) Shestopalov, I., Tice, J. D., Ismagilov, R. F.: *Lab Chip*, **4**, 316（2004）.
18) Maeki, M., Teshima, Y., Yoshizuka, S., Yamaguchi, S., Yamashita, K., Miyazaki, M.: *Chem. Eur. J.*, **20**, 1049（2014）.
19) Thorsen, T., Maerkl, S. J., Quake, S. R.: *Science*, **298**, 580（2002）.
20) Stroock, A. D., Dertinger, S. K. W., Ajdari, A., Mezić, I., Stone, H. A., Whitesides,

G. M.: *Science*, **295**, 647 (2002).

21) Unger, M. A., Chou, H. P., Thorsen, T., Scherer, A., Quake, S. R.: *Science*, **288**, 113 (2000).

22) Ehrfeld, W., Begemann, M., Berg, U., Lohf, A., Michel, F., Nienhaus, M.: *Microsyst. Technol.*, **7**, 145 (2001).

23) Chou, S. Y., Krauss, P. R., Zhang, W., Guo, L., Zhuang, L.: *J. Vac. Sci. Technol. B*, **15**, 2897 (1997).

24) Stewart, M. D., Johnson, S. C., Sreenivasan, S. V., Resnick, D. J., Willson, C. G.: *J. Microlithogr. Microfabr. Microsyst.*, **4**, 011002 (2005).

25) Wallis, G., Pomerantz, D. I.: *J. Apply. Phys.*, **49**, 3946 (1969).

26) Sun, Y., Kwok, Y. C., Nguyen, N. T.: *J. Micromech. Microeng.*, **16**, 1681 (2006).

27) Chen, L., Luo, G., Liu, K., Ma, J., Yao, B., Yan, Y., Wang, Y.: *Sens. Actuators B Chem.*, **119**, 335 (2006).

28) Griebel, A., Rund, S., Schönfeld, F., Dörner, W., Konrad, R., Hardt, S.: *Lab Chip*, **4**, 18 (2004).

29) Lu, C., Lee, L. J., Juang, Y. J.: *Electrophoresis*, **29**, 1407 (2008).

30) Shirai, K., Mawatari, K., Kitamori, T.: *Small*, **10**, 1514 (2014).

31) Sunkara, V., Park, D. K., Hwang, H., Chantiwas, R., Soper, S. A., Cho, Y. K.: *Lab Chip*, **11**, 962 (2011).

32) Zhou, J., Ellis, A. V., Voelcker, N. H.: *Electrophoresis*, **31**, 2 (2010).

33) Mao, H., Yang, T., Cremer, P. S.: *Anal. Chem.*, **74**, 379 (2002).

34) Honda, T., Miyazaki, M., Nakamura, H., Maeda, H.: *Adv. Synth. Catal.*, **348**, 2163 (2006).

35) Imai, M., Kawakami, A., Kakuta, M., Okamoto, Y., Kaji, N., Tokeshi, M., Baba, Y.: *Lab Chip*, **10**, 3335 (2010).

36) Gervais, L., Delamarche, E.: *Lab Chip*, **9**, 3330 (2009).

Chapter 3

バイオ分析

　本章では，バイオ分析の例として，細胞実験デバイス，DNA分析，免疫分析（イムノアッセイ）を紹介する．

　細胞実験デバイスとしてはセルソーターとバイオアッセイシステムを取り上げ，そのための細胞培養法についても紹介する．DNA分析としてはマイクロデバイスを用いたDNAの固相抽出，酵素を用いた増幅反応，および検出法を紹介する．また，免疫分析としては固相化した抗体を用いる不均一法と溶液中で抗原抗体反応を行う均一法について実例を挙げて紹介する．

3.1

細胞実験デバイス

3.1.1
細胞実験のためのマイクロ流体デバイス

　近年，マイクロ流体デバイスに生き物を導入して実験に用いる研究が幅広く行われている．用いられる生き物は細菌や酵母などの微生物，線虫などの小型生物，動植物の細胞や組織切片など様々で，マイクロデバイスに入る大きさの様々な生物試料が，多くの場合生きたままデバイスに導入される．

　デバイスに生き物を導入する目的は大きく2つに分類される．1つは生き物自身を分析するためであり，もう1つは生き物の機能をデバイスに組み込むことにより，より高機能な分析を実現するためである．導入する生物が分析対象となる実験としては，特定の細胞を分取するセルソーター，全血からの白血球や血中循環腫瘍細胞（CTC）の選択的回収，エレクトロポレーションなどでの遺伝子導入，様々な化学的・物理的刺激などを行い，その細胞応答を蛍光イメージング，電気泳動，電気化学計測などによって分析する様々な実験系が提案されている．一方，生き物の機能を利用するデバイスとしては，細胞等に物質変換をさせるバイオリアクターや，化学物質等に対する細胞応答を計測することにより生理活性の強さを計測するバイオアッセイなどの応用が広く行われている．

　ここでは，細胞分析デバイスの例としてセルソーターを，細胞の機能を組み込んだデバイスの例として哺乳動物の細胞を用いたバイオアッセイデバイスを取り上げ，その基盤となる実験手法について概説する．

3.1.2
フローサイトメーター・セルソーター

　フローサイトメーターとは細胞懸濁液中に分散している細胞の大きさや蛍光強度などを測定する装置で，細胞懸濁液に含まれる特定の種類の細胞数を計測する目的に用いられる．セルソーターはそれに分離装置を組み合わせたもので，特定の種類の細胞だけを分離回収できるようにしたものである．

　マイクロ流体デバイスでセルソーターを実現するためには，細胞懸濁液の導入法，細胞の検出法，細胞の分離手段を検討する必要がある．溶液の導入はマイクロシリンジポンプ，デバイス内部に構築したマイクロポンプ，重力法などの圧力導入法が用いられるのが一般的である．一方，検出については，従来法では光散乱と蛍光を組み合わせるのが一般的であるが，マイクロデバイスを顕微鏡で観察する場合，側方散乱を効率的に検出するのが容易ではないため，蛍光検出のみを用いたシステムが多く報告されている．蛍光検出から細胞のカウンティング，判定のプロセスは蛍光顕微鏡とPCソフトウェアを組み合わせればそれほど困難なものではない．セルソーターを実現する上で最も重要となるのは，必要と判定された細胞をいかに回収するかということである．

　通常，細胞の分離回収はY字，T字あるいは十字に分岐した流路のどちらに細胞を流すかで行われる（**図3.1**）．取捨の切り替えは，溶液の流れを切り替えることによって行う場合と，流れは一定のまま細胞のみを移動させる方法の2つに大別される．流れの切り替えは細胞懸濁液の両側をシースフローで挟み，そのシースフローのバランスを変えることによる切り替え（図3.1(a)），別の流路からの送液による切り替え（図3.1(c)），電場の切り替えによる電気浸透流の切り替え，マイクロバルブによる切り替えなどが提案されている．図3.1(b)にマイクロバルブを用いたシステムを示す．バルブは空気圧によりPDMS製の流路壁を押しつぶすことによって流路をふさぐもので，通常細胞は排出孔へと流れ続けるが，必要な細胞を検知するとバルブで流れを切り替え，細胞を回収する．このシステムでは高圧電源や外部ポンプを必要とせず，空気圧の切り替えのみで操作できる．一方，細胞だけを移動させる方法としては，電場の切り替えによる細胞の電気泳動，レーザートラップによる方法，誘電泳動によるトラッピングなどが報告されている．

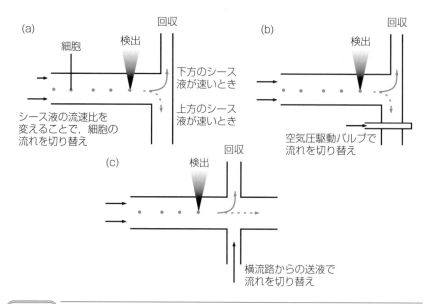

(a) 細胞　検出　回収
　　　　　　　　　　　　　　　下方のシース
　　　　　　　　　　　　　　　液が速いとき
　　　　　　　　　　　　　　　上方のシース
　　　　　　　　　　　　　　　液が速いとき
シース液の流速比を
変えることで，細胞の
流れを切り替え

(b) 検出　回収
空気圧駆動バルブで
流れを切り替え

(c) 検出　回収
横流路からの送液で
流れを切り替え

図 3.1　マイクロセルソーターの原理模式図

（a）細胞懸濁液をはさむシース液の流速を制御することによって特定の細胞のみを回
収．（b）下流の廃液側流路をバルブでふさぐことによって回収．（c）横流路から送液
することで回収．

　いずれのシステムにおいても迅速で確実な切り替えをいかに達成するかが鍵
となっており，いずれのシステムも実用に耐えるだけのスループットと確実性
を再現よく確保するために技術的改良を進める必要がある．マイクロシステム
では従来の大型装置に匹敵するような高いスループットは実現できていない
が，回収した細胞をマイクロシステムで解析することを考えれば，必要となる
細胞数はごく少量ですむため，処理速度が低いことはそれほど問題にならない
だろう．むしろ従来の装置よりも正確なソーティングをごく少数の細胞に対し
て確実に実現できる装置にしていくことにより，マイクロシステムとしての特
長を出していくことができると考えられる[1]．

3.1.3
マイクロデバイスを用いた細胞培養実験システム

　マイクロチップを用いた細胞培養研究は 2000 年頃に始まり，近年のマイク

ロ流体分析研究の中で最も注目されている研究テーマのひとつである．マイク
ロ流体デバイスは容積が数マイクロリットルと微小であり，この中に単一細胞
～数個という超微少量から，たとえば１万個以上の細胞集団として扱える量ま
で，用途に応じた量の細胞を培養することができる．この微小空間は体内にお
ける細胞の周辺環境と同じレベルの大きさに加工することが可能であり，たと
えば様々な太さや構造を持った，血管に類似の流路を構築することも難しくな
い．より生体内に近い環境で細胞を培養することにより，分化状態が適切に制
御された細胞を用いて，バイオアッセイを行うことができると期待されてい
る．

　またマイクロ流体デバイスでは，単に細胞を培養するだけでなく，細胞に培
地や試薬類を作用させるためのマイクロチャネルや，細胞から放出された成分
や破砕して細胞から取り出した成分を反応，分離，分析するための部位をも組
み込むことが可能である（**図 3.2**）．したがって，培養細胞を用いた一連の実
験を１枚のチップ上で行うことができ，実験の飛躍的な効率化が期待できる．
従来の細胞培養法では，細胞から放出された物質が大量の培地によって速やか
に希釈されてしまうため，分析前に濃縮分離操作が必要となり，リアルタイム
での微量分析が困難であるといった問題点があるが，マイクロ流体デバイス化
により，溶液空間が極めて小さくなるためこういった問題の多くは解消され，

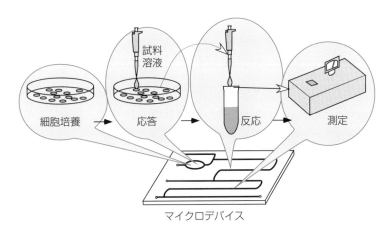

試料
溶液

細胞培養　　　応答　　　反応　　　測定

マイクロデバイス

図 3.2　細胞分析用マイクロ流体デバイスのイメージ図

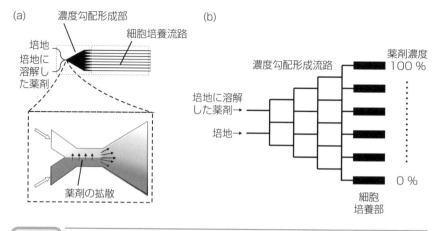

図 3.3 濃度検討バイオアッセイデバイスの一例

(a) は拡散によって濃度勾配が形成されるため，流速によって濃度勾配のでき方を制御可能．(b) は合流した流路で 2 液を完全混合させる構造となっている．したがって，混合の割合は流路形状に強く依存するため，流速によらず常に同一の濃度勾配が形成できる．

高い空間分解能・時間分解能を必要とするような実験さえも実現できる可能性がある．また，培養する細胞と組み合わせる分析方法を変更することによって，様々なバイオアッセイに応用することが可能であり，汎用な技術となりうるだろう．さらに PC で制御された送液システム等と組み合わせることにより，自動分析システムへの応用も可能である．

　たとえば，バイオアッセイによって検定したい事柄のひとつに薬剤が生理活性を示す最適濃度を調べるということがある．従来法では様々な濃度の薬剤を調製し細胞に作用させる必要があるが，マイクロ流体デバイスを用いればごく簡単に薬剤の希釈系列を作ることが可能である．**図 3.3** に示すとおり，左側から濃度の異なる 2 種類の溶液を導入してグラジエントミキサー部を通過させることにより安定な濃度勾配が形成される．これをそのまま細胞培養流路に導入すれば，異なる濃度での同時アッセイが可能となる．このようにわずか 2 種類の溶液を導入することによって，より多くの濃度でのアッセイを実現できる[2]．

3.1.4

細胞培養のためのマイクロデバイス

　動物細胞は通常ポリスチレン製のシャーレやフラスコに浸透圧の調整された培養液（培地）を数 mm の深さになるように加えたところで培養する．マイクロ流体デバイス内で細胞を培養する場合には，それとは異なった形状，大きさの培養槽を用い，培養方法も異なるため，培養槽の設計に工夫が必要である．

　素材としては，細胞の観察が必須であり多くの場合顕微蛍光観察を伴うので，非蛍光性の無色透明な素材で細胞毒性がないものが用いられる．なかでも PDMS シートとスライドガラスを組み合わせたマイクロデバイスが特に多用されている．PDMS は，厚膜フォトレジスト SU-8 などの柔らかい素材を鋳型にして簡便に流路を造形可能であるため試作に適していることに加え，比較的酸素透過性が高いために培養液への酸素供給の面でも優れている．また，柔軟性を有するため，PDMS シート間に別の薄膜状物質などを挟み込むことも可能である．ただし，量産には不向きと考えられ，大量生産を視野に入れた場合には射出成形可能な他の素材を検討する必要がある．

　血球など一部の細胞は培養中に浮遊した状態で培養するが，マイクロ流体デバイスでは培地を流しながら培養や実験操作を行うため，細胞が培養槽外へ流出しないような工夫が必要である．細胞の直径よりも十分に狭いスリット構造を設ける，多孔質フィルタを作製する，多孔質膜を挟み込むなどの方法が考えられるが，このせき止め部分に細胞が詰まる，詰まった細胞が破裂するなどのトラブルが考えられるため，設計や培養方法には工夫が必要である．

　一方，血球以外の大半の細胞は固体表面に接着させて培養する．従来の細胞培養実験では表面処理を施したポリスチレン製容器に接着させることが多く，マイクロデバイスの素材として多用されているガラスやシリコン，PDMS 表面で培養を行う場合には何らかの工夫が必要となってくる．

　最も単純な方法としては，細胞を接着させたい固相表面をコラーゲンやフィブロネクチン，ポリ-L-リシンなどのタンパク質やポリペプチドなどでコーティングする方法が効果的である．たとえば，洗浄し滅菌したガラスやPDMS 表面にこれらの水溶液を接触させることにより物理的に吸着させることが可能

であり，この処理によって多くの細胞を良好に接着培養することが可能となる．コーティングする物質の種類や濃度，吸着させる時間などは検討する必要があるものの，すでに培養方法が確立している細胞株はもちろん，神経細胞や肝細胞，上皮細胞などの各種初代細胞の培養も可能である．

　一方，マイクロ流体デバイス内の微小空間の特長を生かす形で，デバイス内のある決まった部分にだけ細胞を培養することが求められる場合もある．こういった場合には前述の接着物質をマイクロスケールでパターニングすることが必要となる．あるいは，多くの接着細胞は疎水的表面に比べて親水的表面には接着しにくいという性質があるため，逆に細胞を接着させない面をポリエチレングリコール（PEG）などで修飾する方法も考えられる．パターニングする方法としては多相層流を用いる方法や光化学反応を利用した方法，マイクロコンタクトプリンティング法などが知られている．なお，デバイスの貼り合わせ前に表面修飾やパターニングを行う必要がある場合には，修飾物質の変性を防ぐため，貼り合わせ時にプラズマ処理や高温接合などが利用できないこともあるので注意が必要である．

　多くの細胞は直径十数 μm 程度であるため，培養槽の大きさとしては一辺の長さが最低でも数百 μm のオーダーになることが一般的である．底面積については細胞の大きさと必要な細胞数から算出可能であるが，幅や深さを決定するためには培地送液時の線流速から剪断応力を考慮して設計する必要があるほか，静置培養をする場合には栄養不足を防ぐためにある程度の培地量を確保する必要がある．そのため，通常数百 μm〜1 mm の深さが必要となり，一段階でのフォトリソグラフィーによる SU-8 鋳型の作製が困難なことも多い．また，すべての培地が交換されにくい形状や気泡が溜まりやすい形状も均一な細胞培養を妨げるため，避けるべきである（**図 3.4** a）．

　具体的な培養槽の形状としては，単なる直線上のマイクロ流路でも問題なく細胞培養することはできる．培地流による剪断応力の影響を抑えたければ太い流路を作製すればよいし，逆に細い血管を模倣したければ細い流路を作製すればよい．多数の分岐構造を作製すれば毛細血管網を模したデバイスを構築することもできるだろう（図 3.4 b）．一方，上皮や内皮などの二次元組織のバリア機能や物質透過性を評価するデバイスを作製する場合には，細胞層の支持体

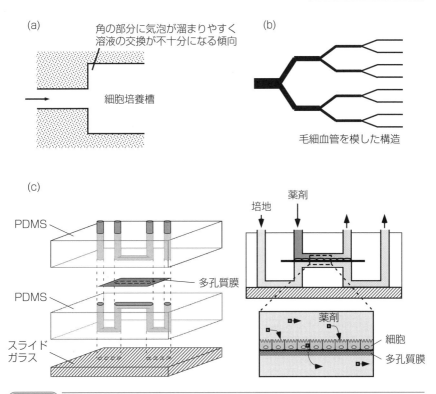

Chapter 1
Chapter 2
Chapter **3**
Chapter 4
Chapter 5
Chapter 6

図 3. 4 細胞培養流路の一例

（a）角があるかたちの設計は気泡が溜まる，あるいは培地交換が不十分になるなど，最適な設計とはいえないことも多い．（b）太い流路から分岐して多数の細い流路を設計することにより，毛細血管網を模した構造を作ることもできる．（c）平面状組織のバリア機能や物質透過性を評価するデバイス．上側流路内の物質がどれくらい下側流路に漏れ出すのかを分析する．

となる多孔質膜を 2 本のマイクロ流路で挟み込んだデバイスを作製し，この膜の片面に細胞を隙間なく培養する必要がある（図 3.4 c）[3]．その他，肝小葉など特異的な形状を模倣したい場合にはそれに見合うように培養槽や担体の形状を設計する必要があるが，異種細胞の共培養が必要となる場合には，さらに各細胞を目的の場所のみに配置する技術の開発が必要である．

3.1.5

細胞培養

　細胞培養前に，チップやそれに接続するチューブ類など培地が触れるすべての器具は滅菌する必要がある．滅菌方法としては，オートクレーブによる加熱加圧滅菌，紫外線照射，エタノール滅菌などが考えられる．オートクレーブはもっとも確実な方法であるが，加熱により異種素材の接合部や接着剤を用いた部分などが剥離したり，プラスチック素材が変形するなどの恐れがあるため，注意が必要である．デバイスやチューブにエタノールを流したり，紫外線を透過する素材であればクリーンベンチ内で紫外線ランプ下に放置する方法は，滅菌能力としては劣るものの，簡便で有効な方法となることも多い．

　滅菌し，必要な表面修飾を施したのち，培地で洗浄したマイクロデバイス内の培養槽部に細胞を懸濁させた培地を導入することで細胞を播種する．培養槽の深さが通常のシャーレ等での培地深さと比べてはるかに浅いため，播種する細胞懸濁液の細胞数密度はかなり高く調製する必要がある．細胞播種後のデバイスは，CO_2 インキュベータ内で，37℃，5% CO_2，湿度 100% の環境下に静置する．培地量が極端に少ないため，乾燥には十分な配慮が必要である．

　接着細胞の場合，細胞懸濁液導入後 30 分から数時間静置し，底面への細胞接着を促す．この間，デバイスを動かすと流路内に強い流れが生じて細胞が培養槽から消失する原因となるため，注意が必要である．また，代謝が盛んな細胞や細胞密度が高すぎる場合には長時間静置すると栄養欠乏，酸素欠乏となって死細胞率が高くなることもあるため，注意が必要である．

　細胞を健全な状態で培養するためには新鮮な培地の供給が不可欠である．通常のシャーレやフラスコなどを使った細胞培養では 4〜5 mm 程度の厚さに培地を満たし，その上は解放され空気と接触する形で培養する．これによって細胞は十分な栄養分と酸素を得て，さらに不要な老廃物が希釈されていくことによって生命を維持している．それに対して，マイクロデバイスの内部に通常のマイクロ流路と同じような大きさで培養槽を作製した場合，狭く閉鎖的な環境で細胞培養することになる．もしこの環境で培地を流さず静置培養を行った場合には十分な物質供給がなされない可能性が高い．

　こういった問題を解決できる培養および培地交換の方法には大きく分けて 2

つの方法がある．1つは静置培養で頻繁に培地交換を行うことであり，もう1つは灌流培養である．静置培養では1日に1回から4回程度，新鮮な培地に交換する必要がある．適切な交換頻度は細胞の種類や密度，培養槽の深さ，培地組成などによって異なるが，デバイスがガラスなど酸素を透過しない材料でできている場合には，酸素欠乏に陥りやすいため，より頻繁な培地交換が必要となることが多い．培地交換時には，手作業で新鮮な培地を培養槽に導入することが多いが，速すぎる流速や気泡の混入による細胞の剥離や，コンタミネーション等に注意する必要がある．

　一方，灌流培養では，デバイスにチューブ類を接続し，外部にシリンジポンプなどを接続して，新しい培地を絶えず供給することによって培養槽全体にわたって良好な細胞培養を実現できると期待できる．細胞に特に高い剪断応力を加えたい場合を除き，流速は遅くてもかまわない．逆に培地送液による剪断応力は細胞の生育に大きく影響するため，流速設定には注意する必要がある．灌流培養でもっとも大きな問題となるのが気泡の混入である．培地には通常，炭酸水素ナトリウムが含まれており，二酸化炭素の気泡が非常に発生しやすい．気泡が培養槽に混入すると細胞死や細胞の流失を招きやすく，特段の注意が必要である．気泡を防ぐ方法としては，あらかじめ培地のpHが変化しない程度に軽く脱気しておく，チューブとデバイスへの接続部あるいはデバイスの内部に気泡トラップを作製するなどの方法が考えられるが，培地のpH調整に炭酸水素ナトリウムを用いず，代わりにHEPESなどの緩衝液を用いる方法もある．この場合，培養にCO_2インキュベータを用いる必要はない．

　細胞の観察には顕微鏡を用いるが，通常デバイス上面にはチューブ類を接続していることが多いため，デバイスの底面から観察する倒立顕微鏡を用いることが望ましい．非染色の細胞観察には位相差観察が欠かせず，また様々な細胞の計測は蛍光イメージングによって行われるため，実験には位相観察付きの倒立型蛍光顕微鏡が最適である．通常の顕微鏡観察で用いられるカバーガラスと同じ0.17 mm厚のガラスをデバイスの最底面に用い，この上に直接細胞を培養している場合にはほとんどすべての対物レンズを用いることが可能であるが，デバイス底面から細胞培養部までの距離が遠い場合には，作動距離の問題から使用できる対物レンズの種類は限られることになるので，デバイスの設計

に配慮が必要である．

　細胞応答の計測には電気化学検出を用いることもできる．その場合にはデバイス内の細胞培養部近傍にあらかじめ櫛形電極などのマイクロ電極をパターニングしておくのが一般的である．また，多数の微小電極をアレイ化し，その上で細胞培養を行うことにより，イメージングを行うことも可能である．

　実験終了後のデバイスは，従来の細胞実験用のディッシュなどと同様使い捨てにすることが一般的であるが，石英ガラスなどの高価な素材で作られたものや，作製に手間や時間，コストがかかるものの場合は，繰り返し利用することも可能であるが，その場合には確実なデバイスの洗浄方法を確立する必要がある．

　ここに記したのはもっとも基本的な細胞培養法の概説であり，近年ではより高度なデバイスでの細胞培養法がいくつも報告されている[4,5]．

3.1.6
バイオアッセイ

　ここでは培養細胞を用いたマイクロシステムの一例として，バイオアッセイ系について概説する．バイオアッセイは，培養細胞などの生物を用いて物質のもつ生理活性の強さを測定する分析法で，薬の候補物質のスクリーニングや化学物質の毒性試験など，様々な分野で広く行われている．たとえば抗がん剤のスクリーニングにおいては，標的とするがん細胞を培養し，そこに試験物質を一定時間作用させたのち，細胞の生存活性などを測定することによって行われる．これをマイクロ流体デバイスで行うためには，抗がん剤の標的となるがん細胞のデバイス内での培養，抗がん剤候補物質を添加した培地を用いた培養，細胞の生存活性などの測定を行う必要がある．

　実験系の設計時には，用いる細胞の種類やアッセイ条件などは従来法で行われてきた実験系をそのまま適用するところから検討を始めるのが効率的であるが，特に注意すべき点が2つある．1つ目は良好で再現性のよい細胞培養を実現することである．マイクロデバイス内の細胞は培地中の栄養や酸素不足，老廃物の蓄積，気泡の混入，培地交換時の剪断応力などの影響で細胞にストレスがかかっていることが多く，バイオアッセイの結果に大きな影響が出る場合が

ある．2つ目は細胞応答の計測法である．細胞の生死判定など優れた蛍光イメージング用試薬が入手可能な場合やレポーター遺伝子を組み込んだ細胞を用いる場合など，蛍光観察で結果が得られる系は比較的分析が容易であるが，発現タンパク質や mRNA の解析が必要であるなど，細胞抽出物の詳細な解析が必要な場合には分析はかなり困難である．マイクロ流体デバイスを用いた様々な分析法が提案されてはいるものの，実際に詳細なバイオ分析がハイスループットで実現可能な系は極めて限定的であり，またマイクロデバイス内で培養可能な細胞数がかなり少ないため，細胞や抽出液をデバイス外に取り出して従来法で分析することも難しい．実用的な分析システムを実現するためには，より簡便な計測法を採用することが鍵となるだろう．

3.2 DNA 分析

3.2.1

概要

DNA 分析は，生体試料を破砕後，DNA を抽出し，PCR 等の遺伝子増幅反応を用いて特定の遺伝子配列を増幅し検出するというプロセスからなる．非常に微量な試料を扱うことから，マイクロ流体デバイスを用いた前処理から検出までの技術が考案された．これらの一部は実用化されている．最初に製品化されたものはマイクロチップ電気泳動であり，2015 年現在では，Agilent，Bio-Rad，PerkinElmer など複数社からマイクロチップ電気泳動自動分析装置が発売されている．近年はマイクロデバイス技術を用いた PCR 装置も販売されている．ここでは，マイクロチップ電気泳動以外の DNA 分析のデバイス化について述べる．

3.2.2

DNA 固相抽出のマイクロデバイス化

　試料から DNA を精製するには，バルクの系では，破砕した試料からフェノール–クロロホルムによる溶媒抽出法を用いてタンパク質を取り除き，エタノールを加えて mRNA や DNA を沈殿させる．高速遠心器を用いて沈殿分離後，上清を取り除き，DNA のペレットを緩衝液で溶解する．また，シリカビーズを用いて固相抽出を用いる場合もある．シリカビーズの表面に mRNA や DNA が吸着した状態で不要物のみを洗い流し，その後，吸着物を極性溶媒で溶出する．マイクロデバイス内で DNA の抽出を行う場合は，主にこの固相抽出である．

　デバイスの流路内にシリカビーズを留めておくためには，堰き止め構造を持たせる[6]．そして，シリカビーズの表面は中性から塩基性条件下では負に帯電しているので，試料を高い塩濃度にすることで負に帯電した DNA との反発を打ち消し，シリカ表面に吸着させる．非極性溶媒でビーズを洗い，その後，塩濃度の低い極性溶媒で吸着した DNA を溶出させる．このシリカビーズに磁性を持たせることで，粒子の撹拌や分離を簡単に行うことができる．マイクロデバイスで磁性ビーズを使用する場合，外部からの磁場を用いた制御を，らせん状のコイルを用いて行う[7]．これらマイクロデバイス内で行った DNA の精製は，バルクでの系と同様の性能で DNA 抽出が可能である．血液中に含まれるバクテリアから 80% 以上と高効率に DNA を抽出し，PCR で検出できている[8]．

　DNA の固相抽出をマイクロデバイス化することの利点は，試薬量の節減，コンタミネーションが起こりにくい，DNA 抽出の次の段階である PCR や電気泳動へ連続的に持っていけるなどである．**図 3.5** には，DNA の抽出から引き続き PCR と電気泳動の分離を行うデバイスの構造を示す[9]．バルブを切り替えることで，1 台のシリンジポンプのみで試料や試薬を導入し，DNA の抽出，PCR による増幅，ナノリットルという微量の PCR 産物のゲル電気泳動分析という一連の流れを 1 つのデバイス内で実現した．30 分以内で全血 750 nL の中に含まれる炭疽菌の同定に成功している．

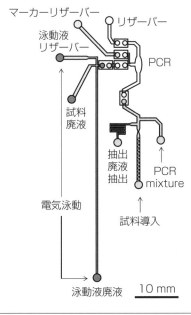

マーカーリザーバー
リザーバー
泳動液
リザーバー
PCR
試料
廃液
抽出
廃液
抽出
PCR
mixture
電気泳動
試料導入
泳動液廃液　10 mm

| 図 3.5 | DNA 抽出，PCR，電気泳動の集積化マイクロデバイス |

3.2.3
DNA 増幅反応のマイクロデバイス化

　抽出した DNA は PCR などのポリメラーゼを使った増幅反応で増やしてから検出する．通常は PCR 専用の壁面が肉薄で熱伝導が良いポリプロピレン製のチューブと高速温度制御装置を使用するが，これをマイクロ流路を使って行うことで，劇的に反応時間を短くしたり，定量性に優れた方法へと進歩を遂げた．この開発されたデバイスのしくみについて述べる．

（1）連続流型 PCR 法

　PCR は，鋳型となる 2 本鎖 DNA を熱変性により 1 本鎖にする過程，プライマー DNA のアニーリング，続いてポリメラーゼによる伸長という 3 つの反応から成り立ち，このステップを複数回繰り返すことで，DNA の特定の領域を 100 万倍へ増幅する方法である．熱変性は 95℃ 程度，プライマーのアニーリングは 50～60℃，ポリメラーゼの伸長は 72℃ で行われるため，装置には温

度制御が必要である．通常の実験で使用しているサーマルサイクラーでは，反応槽の加熱と冷却を繰り返し行う．したがって，各段階の反応はそれぞれ30秒程度と短いが，それ以外に温度推移に費やす時間が必要であり，30回ほどのサイクルを繰り返すには，2時間近くかかる場合もある．

　一方，1998年にManzら[10]により考案された連続流型PCRでは，**図3.6**に示すような3つの温度ゾーンを行き来する蛇行流路を持つマイクロデバイスを使用する．InputからPCR反応液を入れ，シリンジポンプで送液していくと，反応液が各温度の領域を通過する間に，熱変性，アニーリング，伸長反応の各ステップが繰り返し進行する．得られたPCR産物は蛍光を用いてリアルタイムに計測するかゲル電気泳動等で検出する．マイクロデバイスを用いたPCR法は，サーマルサイクラーと違って反応槽加熱と冷却の繰り返しプロセスがないため，溶液を流す速度を上げることで短時間にPCR産物を得ることが可能である．たとえばλDNAを鋳型にして500 bpの増幅産物をマイクロデバイスで作製するとき，サーマルサイクラーと同じ程度のゲル電気泳動のバンドで見えるまでに必要な時間は，わずか1.7分であり，これは1サイクルがわずか5.2秒と計算される．997 bpの産物の場合では，500 bpよりも伸長反応に時間が必要なため3.2分かかったが，9.7秒/サイクルとサーマルサイクラーの場合と比較して飛躍的に短時間で産物を得ることが可能であった[11]．

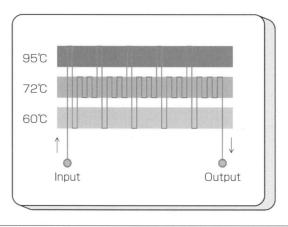

図3.6 連続流型PCR用マイクロ流体デバイス

(2) デジタル PCR 法

　デジタル PCR は，微小な容器の中で単一 DNA 分子を鋳型にして PCR をする方法である．蛍光色素を用いて PCR 産物が確認された容器の数から試料中の分子数を計測する．正常な組織の中に含まれるわずかながん変異体の検出や，コピー数多型（CNV）解析，農作物中に含まれる微量な遺伝子組換え作物の検出など，PCR で微量な定量を行いたい場合に適した方法である．PCR 産物のゲル電気泳動を第 1 世代，リアルタイム PCR による定量的 PCR を第 2 世代とすると，デジタル PCR は第 3 世代といえる．現在，マイクロデバイスを用いた装置が，ThermoFisher, Fluidigm, Bio-Rad, RainDance Technologies の 4 社から販売されている．前の 2 社の装置は，μTAS の技術で作製した微小な容器を反応場として用いるが，後の 2 社の装置は，容器として 1 nL 以下の water-in-oil の液滴を反応容器の代わりに利用する．

　図 3.7 に示すように，マイクロ流体デバイスを用いて，単分子の DNA を含む微小液滴（液量は pL～nL レベル）を作製する．RainDance Technologies 社のシステムでは，1 サンプルあたり 1000 万個の液滴を作製する．各液滴には PCR プライマーや蛍光検出用のプローブも含まれている．液滴は PCR 用のチューブに入れ，PCR 反応を行うと，鋳型 DNA が含まれる液滴では蛍光色素が遊離する．これらの液滴を検出用のマイクロデバイスへ導入し，レーザー照射により蛍光色素から発する蛍光を測定して，PCR 産物のある液滴とない液滴を判定する．実際，正常な配列の中に含まれるわずかな変異体の検出を試みたところ，がん遺伝子 *K-ras* を分析した例では，野生型の中にわずか

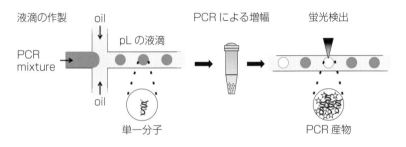

| **図 3.7** | ドロプレットデジタル PCR |

0.00004〜0.002% しか含まれていない変異型 DNA を検出可能と報告されている[12].

(3) マイクロビーズを用いた Padlock probe rolling circle amplification 法

　PCR 以外の方法で DNA を増幅することも試みられている．Padlock probe rolling circle amplification 法は，単一 DNA 分子をポリメラーゼにより増幅して検出する方法であり，デジタル PCR のように DNA を 1 分子ずつカウントできる方法である．マイクロビーズ表面でこの反応を行う定量方法が試みられている[13].図 3.8 にそのプロセスを示す．ビーズには GE ヘルスケアの平均粒子径 34 μm の高密度アガロースビーズを用いる．プライマーとなる合成オリゴ DNA はビーズ上の *N*–ヒドロキシスクシンイミド NHS 基にアミノ基を介して共有結合で固定するか，ストレプトアビジンが修飾されているビーズにビオチンを介して固定する．そこに Padlock probe をハイブリダイズさせ，マイクロチャネルに導入する．マイクロチャネルには，ビーズをせき止めるダムがあ

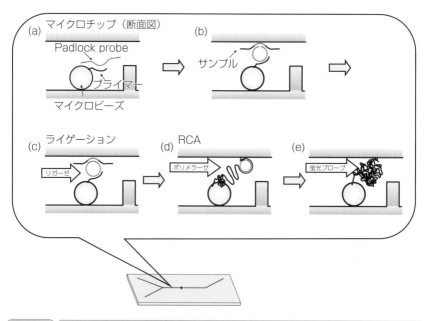

図 3.8 マイクロビーズを用いた Padlock probe rolling circle amplification 法

図 3.9 RCA 産物の観察

(a) 明視野観察，(b) 蛍光観察.

り，プライマーと Padlock probe が結合したビーズは，そこに充填される（図
3.8(a)）．ここでマイクロチップはシリンジポンプとつなぎ，試料はすべてサ
ンプルインジェクターを介して導入する．サンプルを導入すると Padlock
probe と結合するもののみ捕獲される（図 3.8(b)）．続いてリガーゼ（図 3.8
(c)）を加えると Padlock probe が環状化し，ポリメラーゼと反応に必要な酵
素を順に導入することで，ビーズに固定されたプライマーが伸長する（図 3.8
(d)）．最後に検出用の蛍光プローブ DNA を導入することで増幅産物に蛍光を
持たせる（図 3.8(e)）．これらの反応の間には洗浄液を流す．

このビーズ法を用いてマイクロチップ内 RCA 法を行った結果を**図 3.9** に示
す．図 3.9(b) は蛍光顕微鏡での観察結果であるが，ビーズ表面に約 1 μm 程
度の蛍光ドットが最終産物として観察された．試料の DNA 濃度と蛍光ドット
のカウント数は相関関係があり，検量線を用いることで定量分析が可能であ
る．

3.2.4
マイクロデバイスを用いた *in situ* ハイブリダイゼーション（ISH）法

前項までは，細胞から抽出された DNA を対象にした方法を説明した．一
方，組織形状を保ったまま分析する方法もある．ISH 法は，固定された組織や

細胞に含まれる特定の DNA 配列を検出する技術で，遺伝子発現と遺伝子座に関する情報を得ることができる．ラベルに蛍光を使うものを特に蛍光 *in situ* ハイブリダイゼーション（FISH）という．**図 3.10** にそのプロセスを示す．組織や細胞はホルマリン等でタンパク質同士を架橋することで固定する．蛍光標識した核酸プローブを組織や細胞中の特異的標的に結合させ，観察するというプロセスである．図 3.10(b) の染色体転座を例に説明すると，正常な場合，2 つの遺伝子は別々の染色体にあるので，それぞれの蛍光プローブは核の別々の位置に観察される．しかし，染色体転座が起こり，2 つの遺伝子が再構成して同じ染色体に存在すると，2 つの蛍光プローブの色は重なり，融合したシグナルが観察される．このような染色体再構成の検出は，先天異常やがんの診断に使われている．一般にスライドガラスを用いて行われてきたこの方法をマイクロ流路内で行い，試薬の節減や反応時間の短縮を目指す試みがなされている．

Soe らは，マイクロデバイス内で送液しながら ISH を行った結果を報告している[14]．デバイスは，組織切片を貼り付けたスライドガラスに 1×1 cm の面積，高さ 100 μm の反応槽を持つ PDMS シートを貼り付けた構造を持っている．温度制御機能もあり室温から 70℃ まで必要に応じて調整できる．ハイブリダイゼーションの効率は静置反応より送液反応のほうが適しており，同じ

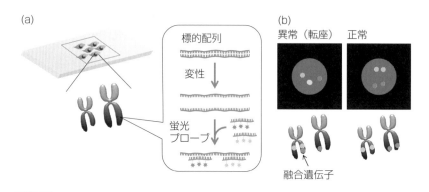

(a)

標的配列

変性

蛍光
プローブ

(b)

異常（転座）　　正常

融合遺伝子

図 3.10	FISH 法の原理

（a）分析法の流れ，（b）間期核診断．染色体転座によって別々の染色体に存在する 2 つの遺伝子が再構成し，シグナルが重なって観察される．

60分の反応では，20倍以上のシグナルの上昇がみられる．また15分の反応に短縮しても，60分のときの75%程度の強度のシグナルが得られるため，時間短縮が実現する．実際，既存のISHで5時間かかっていたものが，このシステムを用いると2時間58分と大幅に短縮されている．

3.3

免疫分析（イムノアッセイ）

3.3.1
イムノアッセイのためのマイクロ流体デバイス

イムノアッセイは，抗原-抗体反応を利用した分析法[15]で，生物学的研究はもとより，疾病診断や食品分析，犯罪捜査，環境分析など幅広い分野で用いられている．抗体の持つ特異性を利用することで，サンプル中の微量成分（タンパク質，DNA，薬物など）を簡便に分析することができる．そのためマイクロ流体デバイスを利用したバイオ分析の中では，イムノアッセイはDNA分析（遺伝子診断）と並んで，非常に多くの研究が報告されている[16,17]．これまでに様々なフォーマットのデバイスが提案されており，検出法も吸光法，蛍光法，化学発光法，ラマン分光法，電気化学検出法など多岐にわたる．

イムノアッセイは，反応系によって均一法（Homogeneous assay）と不均一法（Heterogeneous assay）に，測定原理によって競合法（Competitive assay）と非競合法（Non-competitive assay）に分類することができる（**図3.11**）．これらいずれの方法もマイクロ流体デバイスで行われており，測定対象に適した測定法を選択する必要がある．

ここでは，マイクロ流体デバイスを用いたイムノアッセイの特徴，測定原理，いくつかの分析例について述べる．

```
                   ┌─ ✓ 均一法（Homogeneous assay）
     反応系による分類 ─┤     測定対象と標識体の間の抗原-抗体反応に伴う標識
                   │     シグナルの増減により、抗原や抗体を測定する
                   │     方法。B/F 分離が不要。
                   │
                   └─ ✓ 不均一法（Heterogeneous assay）
                         B/F 分離を行って、B または F の標識シグナルの
                         増減により、非標識抗原あるいは抗体を測定する
                         方法。

                   ┌─ ✓ 競合法（Competitive assay）
     測定原理による分類 ─┤     標識抗原と非標識抗原を一定量の抗体に反応
                   │     させ、B または F の標識シグナルを測定する方法。
                   │
                   └─ ✓ 非競合法（Non-competitive assay）
                         測定対象に過剰量の標識抗体を反応させ、生成する
                         複合体のシグナルを測定する方法。
```

図 3.11　　イムノアッセイの分類

B/F 分離：Bound（結合）/Free（遊離）分離．抗体と結合している抗原と抗体と結合していない（遊離）抗原を分離すること．

3.3.2
マイクロ流体デバイスを利用したイムノアッセイ(不均一法)

　イムノアッセイは，高い特異性や高感度という利点を持っているが，一方で，抗体が高価であることや反応時間（分析時間）が長い，操作が煩雑といった欠点を持つ．これらの欠点は，微量・迅速・簡便という特徴を持つマイクロ流体デバイスを用いることで解消することができる．

　不均一法の代表的な酵素免疫測定法（ELISA：Enzyme-Linked Immuno-sorbent Assay）の典型的な反応の概略を**図 3.12**に示す．従来はマイクロタイタープレートを用いて，この一連の反応を行っている．あらかじめプレートのウェル表面には，抗原と特異的に反応する一次抗体（補足抗体）を固定化しておく．そこに抗原を含むサンプル溶液を導入し，一定時間反応させた後に，サンプルを除去する．次にウェルを洗浄液で洗浄した後に，酵素標識された二次抗体（検出抗体）溶液を導入する．一定時間反応させた後に二次抗体溶液を除去して，洗浄液で洗浄する．最後に基質溶液を導入し，一定時間反応させた後に吸光度測定あるいは発光測定することにより抗原濃度の定量を行う．マイ

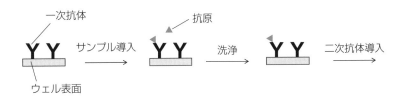

一次抗体

抗原

サンプル導入

洗浄

二次抗体導入

ウェル表面

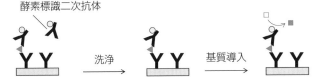

酵素標識二次抗体

洗浄

基質導入

図 3.12　酵素免疫測定法（ELISA）の反応の概略

クロ流体デバイスでは，酵素標識二次抗体の代わりに蛍光標識二次抗体を用いて，蛍光を直接測定する蛍光イムノアッセイも広く行われている．この方法は，基質溶液を導入する必要がないため，原理的に ELISA より簡便かつ迅速である．しかし，酵素増幅を行わないため，測定感度を上げるためには高性能な光検出器を利用するなどの工夫が必要である．

　不均一法をマイクロ流体デバイスで行うには，マイクロチャネル内部に何らかの方法で一次抗体を固定化し，必要な溶液を順次導入すればよい．一次抗体をマイクロチャネルの壁面に直接固定化することは可能であるが，一次抗体と抗原の反応が固相反応ということを考えると，反応効率を上げるためにマイクロチャネル内のサンプル体積当たりの一次抗体が固定化される固相の面積の比（比表面積（S/V 比）：Surface-to-volume ratio）が大きくする方が良い．微粒子を利用すれば，簡単に S/V 比を大きくすることができる．最も単純な方法としては，マイクロチャネル内に微粒子を充填する方法がある（**図 3.13** (a)）[18-20]．微粒子のサイズを小さくすればするほど S/V 比は大きくなるが，マイクロチャネルにサンプルなどを導入する際に非常に高い圧力が必要になる．数百 μm 程度のチャネルサイズの場合は，数十 μm の粒径の微粒子が適当である．一次抗体が固定化された微粒子の導入から，基質の発色に基づく抗原の定

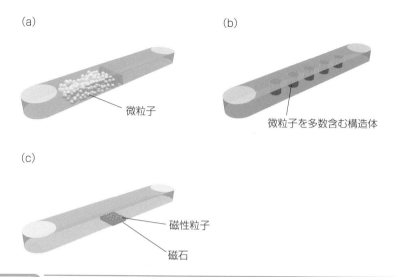

(a)

微粒子

(b)

微粒子を多数含む構造体

(c)

磁性粒子

磁石

図 3.13 マイクロチャネル内に抗体を固定化する方法

量までが自動化されたマイクロ流体デバイスベースの小型自動 ELISA 装置も開発されている．この装置では，アレルギー疾患の検査指標である総 IgE を測定時間 12 分，検出下限 2 ng/mL で測定できている[21]．

　微粒子を充填する方法の他に，光硬化性樹脂を利用する方法が提案されている[22,23]．この方法では，一次抗体を固定化した微粒子と光硬化性樹脂の混合溶液をマイクロチャネル内に導入し，フォトマスクを介して紫外線（UV 光）を照射する．紫外線が照射された部分の光硬化性樹脂が硬化し，流路内部に構造体が形成される．未硬化の混合溶液を除去することでデバイスが完成する（図3.13(b)）．この方法の場合は，一次抗体が固定化された微粒子はマイクロチャネル内に形成された構造体の内部に存在するので，用いる微粒子のサイズは構造体の細孔径より若干大きければよい．細孔径があまりに小さすぎると構造体内部へのサンプル等の導入が困難になるので，数 μm 程度の粒径の微粒子が適当である．また，この方法は，構造体がマイクロチャネルの一部に形成されているだけなので，微粒子を充填する方法に比べて，溶液の導入・排出に高い圧力を必要としない．この方法では，CRP（炎症や感染症のバイオマーカー），AFP（肝臓がんの腫瘍マーカー），PSA（前立腺がんの腫瘍マーカー）

を測定時間 15 分で，いずれのバイオマーカーも検出下限 100 pg/mL で測定できている[22]．

　同様に溶液の導入・排出に高い圧力を必要としない方法として，磁気微粒子を用いる方法も報告されている（図 3.13(c)）[24]．一次抗体が固定化された磁気微粒子を磁石でマイクロチャネル内にトラップすることを除けば，必要な溶液を順次導入するのは他の微粒子を用いる方法と同じである．

　微粒子を利用する方法の利点は，S/V 比を大きくすることだけでなく，抗原と抗体が反応するエリア（反応場）を規定することができる点にもある．微粒子を用いずにマイクロチャネルに抗体を直接固定化した場合は，チャネル全体が反応場になるため，流れを利用するマイクロ流体デバイスではチャネルの位置によって測定値がばらつくことがある．チャネルに抗体を直接固定化して測定を行う場合には，反応場を規定するために固定化する抗体の位置選択的なパターニングなどが必要になる．マイクロチャネル壁面への抗体の位置選択的な固定化法として，光や電極を利用した様々な方法が提案されている[25]．

　抗体の位置選択的な固定化法として，PDMS の自己吸着性を利用した方法も提案されている[26]．**図 3.14** に示すように，マイクロチャネルが加工されたPDMS 製基板と何も加工されていない基板とを PDMS の自己吸着性を利用して接着する．チャネルに抗体溶液を導入し，一定時間放置すると抗体はチャネル壁面に物理吸着する．その後に PDMS 製基板を脱着し，基板をブロッキング溶液に浸漬してブロッキングを行う．次にマイクロチャネルが加工された基板を 90° 回転させて接着する．そうしてチャネルにサンプル等を順次導入すればイムノアッセイを行うことができる．この方法はモザイクイムノアッセイ（Mosaic Immunoassay）と呼ばれている．この方法は非常に簡便であるが，デバイスの堅牢性に問題がある．2.8 節に記載されているように，PDMS 基板と他の基板をパーマネントボンディングすることができるが，抗体が固定化された状態で加熱すると抗体が熱変性して活性の低下や消失が起こる．この問題点を解決する方法として，PDMS の自己吸着性と DNA-Encoded AntibodyLibraries（DEAL）法[27]を組み合せた方法が提案されている[28]．この方法は，基板上に直接抗体を固定化するのではなく，DNA のハイブリダイゼーションを利用して一次抗体を固定化する（**図 3.15**）．マイクロチャネルが加工された

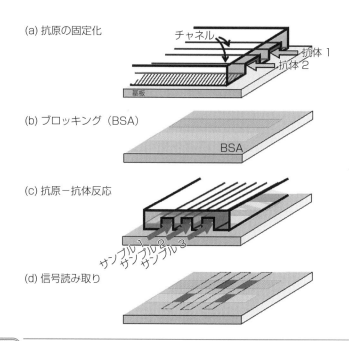

(a) 抗原の固定化

チャネル

抗体1
抗体2

基板

(b) ブロッキング（BSA）

BSA

(c) 抗原－抗体反応

サンプル1
サンプル2
サンプル3

(d) 信号読み取り

図 3.14 PDMS の自己吸着性を利用した抗体の固定化法

（a）マイクロチャネルが加工された PDMS 製基板を何も加工されていない基板に接着し，チャネルに抗体溶液を導入する．（b）PDMS 製基板を脱着し，基板のブロッキング処理を行う．（c）PDMS 製基板を 90° 回転させて接着し，チャネルにサンプル等を順次導入する．（d）基板上に抗体－抗原－抗体複合体が形成される．
【出典】Bernard, A. *et al.*: *Anal. Chem.*, 73, 8（2001）

PDMS 製基板とポリ-L-リシンを全面にコーティングしたガラス基板とを接着する．チャネルに 30 mer 程度の 1 本鎖 DNA 溶液を導入すると，DNA は静電相互作用によりポリ-L-リシンがコーティングされた基板上に固定化される．次に PDMS 製基板を脱着し，90° 回転して接着する．この状態で加熱（80℃，4 時間）して基板同士をパーマネントボンディングする．DNA は抗体と異なり，80℃ で加熱しても特に影響はないため，基板上に DNA を固定化したまま加熱することができる．次に基板に固定化した 1 本鎖 DNA と相補的な配列の DNA が結合している一次抗体の溶液をチャネルに導入し，ハイブリダイゼーションによりチャネル内に抗体を固定化する．この方法は，最初の 1 本鎖 DNA の固定化の際に，複数のチャネルに配列の異なる DNA を固定化する

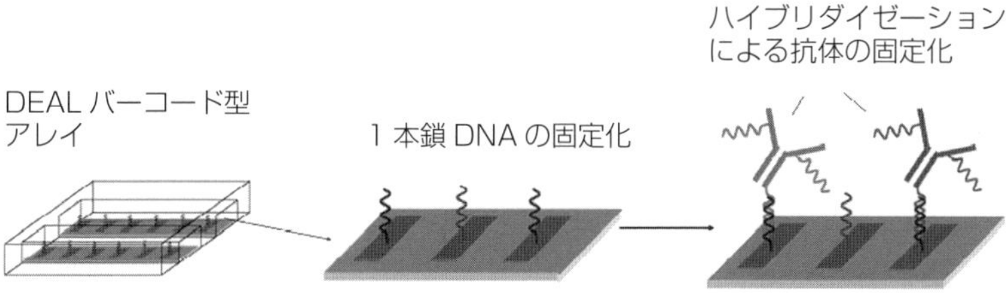

ハイブリダイゼーション
による抗体の固定化

DEAL バーコード型
アレイ

1 本鎖 DNA の固定化

図 3.15 | DNA のハイブリダイゼーションを利用して種々の抗体を基板上に固定化する方法

ことで，種類の異なる抗体を 1 本のチャネル内に位置をずらして固定化することができる（図 3.15）．つまりこの方法では，チャネルにおける特定の位置が特定の測定対象に対応していることになる．そのため複数の測定対象を同時に測定する場合でも二次抗体の標識されている蛍光色素を変える必要はない．測定対象の異なる抗体が同じ位置に固定化されている場合は，測定対象ごとに発光波長の異なる蛍光色素を二次抗体に標識しなければならず，測定システムが複雑になる．この方法を用いて 10 種類のサイトカイン（IFN-γ，TNF-α，IL-2，IL-1α，IL-1β，TGF-β1，IL-6，IL-10，IL-12，GM-CSF）と MCP-1，PSA の多項目同時蛍光イムノアッセイ（マルチプレックスアッセイ）が報告されている[28]．

3.3.3
マイクロ流体デバイスを利用したイムノアッセイ(均一法)

　均一法は，不均一法とは異なり抗体を固相化する必要がなく，B/F 分離（Bound（結合）/Free（遊離）分離）が不要な簡便かつ迅速な方法である．一般に，薬物などの低分子の分析に用いられている．アッセイに必要な反応は，すべて液中で行われ，サンプルと必要な試薬類を混合するだけである．不均一法と比べて，マイクロ流体デバイスを用いて行われた例は少ない．

　マイクロ流体デバイスを用いた均一系イムノアッセイの最初の報告は，マイクロチップ電気泳動によるものである[29,30]．あらかじめ測定対象と蛍光標識された測定対象（トレーサー），測定対象と特異的に反応する抗体を混合したサ

ンプルを準備して，それをチャネルに導入し，チップ電気泳動により分離分析を行う．測定対象とトレーサーは，抗体と競合的に反応するので，このような方法を競合法という．それに対して，ELISA のような抗体が測定対象とのみ反応する方法を非競合法という．非競合法の場合は，サンプル中の測定対象の量（濃度）が増加すると，生成する複合体（抗体と結合した測定対象）の量は増加する．したがって，濃度に対して複合体の量（シグナル）をプロットした検量線は，右肩上がりになる（**図3.16**(a))．一方で，競合法の場合は，サンプル中の測定対象の量が増加すると，抗体はトレーサーよりも測定対象と反応する確率が高くなる．つまり，サンプル中の測定対象濃度が増加すると，生成する複合体の量が減少する．したがって，検量線は右肩下がりになる（図3.16(b))．均一系競合法では，サンプル中には，測定対象とトレーサー，測定対象–抗体の複合体，トレーサー–抗体の複合体の4つが含まれている．このサンプルを電気泳動すると，理想的には4つのバンドに分離され，蛍光法ではトレーサーとトレーサー–抗体の複合体の2つがエレクトロフェログラム上に検出される．サンプル中の測定対象の濃度が増加すると，トレーサー–抗体の複合体の蛍光強度は減少する．測定対象の濃度に対してトレーサー–抗体の複合体の蛍光シグナル強度をプロットすると，検量線は右肩下がりになる．マイクロチップ電気泳動法では，副腎皮質ホルモンのコレチゾールを30秒[29]で，呼吸器系疾患の治療薬のテオフィリンを40秒[30]で測定した例などが報告されている．また，デバイス内での試料の混合と濃縮およびゲル電気泳動に基づく

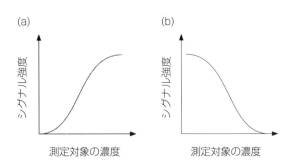

(a)　　　　　　　　　　(b)

 シグナル強度　　測定対象の濃度　　シグナル強度　　測定対象の濃度

図3.16　非競合法と競合法の検量線

AFP と AFP レクチン分画（AFP-L 3%）の同時分離分析が可能な自動分析装置が開発され[31]，現在市販されている．これらの電気泳動による方法は，均一系イムノアッセイに分類されるが，操作として B/F 分離を行っていないだけで，原理的に B と F が電気泳動によって分離される．

マイクロ流体デバイスの特徴の 1 つに，マイクロチャネル内の流体の流れは層流（Laminar flow）であるということがある．この特徴を活かした新しい均一系イムノアッセイの拡散イムノアッセイ（DIA：Diffusion Immunoassay）が提案されている[32]．**図 3.17** に DIA の原理を示す．Y 字型のマイクロチャネルの一方の導入口から測定対象とトレーサーの混合溶液を，もう一方の導入口から抗体溶液を導入する．マイクロチャネル内では，2 つの溶液は層流を形成するため，溶液中の溶質（測定対象，トレーサー，抗体）の移動は分子拡散のみとなる．薬物のような低分子が測定対象の場合，測定対象とトレーサーは抗体に比較すると大きな拡散定数を持っている．したがって，抗体はほとんど拡散しないのに対して，測定対象とトレーサーは抗体溶液側に拡散する．そのた

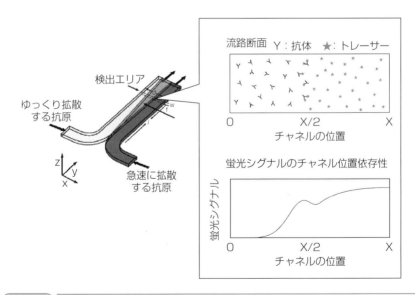

図 3.17 拡散イムノアッセイ（DIA）の原理

【出典】Hatch, A. *et al*：*Nat. Biotechnol.*, 19, 461（2001）

めチャネル下流では，抗体溶液側に測定対象–抗体およびトレーサー–抗体の複合体が形成される．流れに直行する方向（チャネルを横切る方向）で蛍光強度を測定すると，未反応のトレーサーの拡散に基づく蛍光に重なって，トレーサー–抗体の複合体由来の蛍光が抗体溶液側で観測される．測定対象の濃度に対して，複合体の蛍光シグナルをプロットすると，検量線は右肩下がりになる．この方法によって，血液中（10倍希釈）の抗てんかん薬のフェニトインを20秒程度で測定することに成功している．

　血中の薬物濃度測定などに用いられている代表的な均一法の1つに蛍光偏光イムノアッセイ（FPIA：Fluorescence Polarization Immunoassay）がある．**図3.18**にFPIAの原理を示す．溶液中の溶質（測定対象，トレーサー，抗体）は，ブラウン運動によりランダムに回転している．その回転速度は，分子サイズに依存するため，抗体のような巨大分子の回転速度は低分子（測定対象とトレーサー）に比べると非常に遅い．したがって，偏光した励起光でトレーサーを励起すると，トレーサーは溶液中を高速で回転するため，その蛍光の偏光は解消される．一方，トレーサー–抗体の複合体は，回転速度が大きく減少するため，その蛍光の偏光は解消されない．蛍光の偏光解消の程度は，蛍光偏光度（$P=(I_{\parallel}-I_{\perp})/(I_{\parallel}+I_{\perp})$）で定義される．ここで，$I_{\parallel}$と$I_{\perp}$それぞれ励起光の偏光方向と平行および垂直な蛍光の偏光成分である．したがって，サンプル中のトレーサー–抗体の複合体の濃度が高い場合はPが大きくなり，測定対象–抗体の複合体の濃度が高い場合はPが小さくなる．測定対象の濃度に対してPをプロットすると，検量線は右肩下がりになる．測定対象溶液，トレーサー溶液，抗体溶液を導入するための3つの導入口を持つマイクロ流体デバイスを用

分子量：小さい
回転速度：速い
偏光度：小さい

分子量：大きい
回転速度：遅い
偏光度：大きい

○　蛍光色素

▲　測定対象（抗原，薬物など）

蛍光 トレーサー

 抗体

図3.18　蛍光偏光イムノアッセイ（FPIA）の原理

いて，テオフィリンを 65 秒で測定した例が報告されており[33]，患者血清を試料とした測定にも成功している[34]．また，液滴を利用して，腫瘍の増殖や転移に関係するタンパク質であるアンギオゲニンを測定した例も報告されている[35]．

文献

1）Huh, D., Gu, W., Kamotani, Y., Grotberg, J. B., Takayama, S.: *Physiol. Meas.*, **26**, R73（2005）.

2）Keenan, T., Folch, A.: *Lab Chip*, **8**, 34（2008）.

3）Imura, Y., Asano, Y., Sato, K., Yoshimura, E.: *Anal. Sci.*, **25**, 1403（2009）.

4）Young, E. W. K., Beebe, D. J.: *Chem. Soc. Rev.*, **39**, 1036（2010）.

5）Wu, M.–H., Huangb, S. B., Lee, G.–B..: *Lab Chip*, **10**, 939（2010）.

6）Legendre, L. A., Bienvenue, J. M., Roper, M. G., Ferrance, J. P., Landers, J. P.: *Anal. Chem.*, **78**, 1444（2006）.

7）Ramadan, Q., Samper, V., Poenar, D., Yu, C.: *Biomed. Microdevices.*, **8**, 151（2006）.

8）Azimi, S. M., Nixon, G., Ahern, J., Balachandran, W.: *Microfluid. Nanofluid.*, **11**, 157（2011）.

9）Easley, C. J., Karlinsey, J. M., Bienvenue, J. M., Legendre, L. A., Roper, M. G., Feldman, S. H., Hughes, M. A, Hewlett, E. L., Merkel, T. J., Ferrance, J. P., Landers, J. P.: *Proc. Natl. Acad. Sci. USA*, **103**, 19272（2006）.

10）Kopp, M. U., de Mello, A. J., Manz A.: *Science,* **280**, 1046（1998）.

11）Hashimoto, M., Chen, P. C., Mitchell, M. W., Nikitopoulos, D. E., Soper, S. A., Murphy M. C.: *Lab Chip*, **4**, 638（2004）.

12）Milbury, C. A., Zhong, Q., Lin, J., Williams, M., Olson, J., Link, D. R., Hutchison, B.: *Biomolecular Detection and Quantification*, **1**, 8（2014）.

13）Sato, K., Tachihara, A., Renberg, B., Mawatari, K., Sato, K., Tanaka, Y., Jarvius, J., Nilsson, M., Kitamori, T.: *Lab Chip*, **10**, 1262（2010）.

14）Søe, M. J., Okkels, F., Sabourin, D., Alberti, M., Holmstrøm, K., Dufva, M.,: *Lab Chip*, **11**, 3896.（2011）.

15）Ride, D. ed.: *The Immunoassay Handbook*（*4th Edition*）, Elsevier, Amsterdam（2013）.

16）Ng, A. H. C., Uddayasankar, U., Wheeler, A. R.: *Anal. Bioanal. Chem.*, **397**, 991（2010）.

17）Han, K. N., Li, C. A., Seong, G. H.: *Annu. Rev. Anal. Chem.*, **6**, 119（2013）.

18) Sato, K., Tokeshi, M., Odake, T., Kimura, H., Ooi, T., Nakao, M., Kitamori, T.: *Anal. Chem.*, **72**, 1144 (2000).

19) Sato, K., Tokeshi, M., Kimura, H., Kitamori, T.: *Anal. Chem.*, **73**, 1382 (2001).

20) Kakuta, M., Takahashi, H., Kazuno, S., Murayam, K., Ueno, T., Tokeshi, M.: *Meas. Sci. Technol.*, **17**, 3189 (2006).

21) Ohashi, T., Mawatari, K., Sato, K., Tokeshi, M., Kitamori, T.: *Lab Chip*, **9**, 991 (2009).

22) Ikami, M., Kawakami, A., Kakuta, M., Okamoto, Y., Kaji, N., Tokeshi, M., Baba, Y.: *Lab Chip*, **10**, 3335 (2010).

23) Kasama, T., Ikami, M., Jin, W., Yamada, K., Kaji, N., Atsumi, Y., Mizutani, M., Murai, A., Okamoto, A., Namikawa, T., Ohta, M., Tokeshi, M., Baba, Y.: *Anal. Methods*, **7**, 5092 (2015).

24) Hayes, M. A., Polson, N. A., Phayre, A. N., Garcia, A. A.: *Anal. Chem.*, **73**, 5896 (2001).

25) Kim, D., Herr, A. E.: *Biomicrofluidics*, **7**, 041501 (2013).

26) Bernard, A., Michel, B., Delamarche, E.: *Anal. Chem.*, **73**, 8 (2001).

27) Bailey, R., Kwong, G. A., Radu, C. G., Witte, O. N., Heath, J. R.: *J. Am. Chem. Soc.*, **129**, 1959 (2007).

28) Fan, R., Vermesh, O., Srivastava, A., Yen, B. K. H., Qin, L., Ahmad, H., Kwong, G. A., Liu, C.–C., Gould, J., Hood, L., Heath, J. R.: *Nat. Biotechnol.*, **26**, 1373 (2008).

29) Koutny, L. B., Schmalzing, D., Tayler, T. A., Fuchs, M.: *Anal. Chem.*, **68**, 18 (1996).

30) Chiem, N., Harrison, D. J.: *Anal. Chem.*, **69**, 373 (1997).

31) Kagebayashi, C., Yamaguchi, I., Akinaga, A., Kitano, H., Yokoyama, K., Satomura, M., Kurosawa, T., Watanabe, M., Kawabata, T., Chang, W., Li, C., Bousse, L., Wada, H. G., Satomura, S.: *Anal. Biochem.*, **388**, 306 (2009).

32) Hatch, A., Kamholz, A. E., Hawkins, K. R., Munson, M. S., Schilling, E. A., Weigl, B. H., Yager, P.: *Nat. Biotechnol.*, **19**, 461 (2001).

33) Tachi, T., Kaji, N., Tokeshi, M., Baba, Y.: *Lab Chip*, **9**, 966 (2009).

34) Tachi, T., Hase, T., Okamoto, Y., Kaji, N., Arima, T., Matsumoto, H., Kondo, M., Tokeshi, M., Hasegawa, Y., Baba, Y.: *Anal. Bioanal. Chem.*, **401**, 2301 (2011).

35) Choi, J.–W., Lee, S., Lee, D.–H., Kim, J., deMello, A. J., Chang, S.–I.: *RSC Adv.*, **4**, 20341 (2014).

Chapter 4

湿式分析

　本章では，水試料の化学分析で多用される湿式分析法のマイクロ
化学チップ集積化について説明する．頻繁に用いられる溶媒抽出法
をマイクロ流路内に集積化するには，水相と有機相の特徴的な二相
流れを利用することができる．二相流れと特性や，その応用例を示す．
また，液滴流れの応用例も簡単に紹介する．

マイクロ流路内の流れ

マイクロ流体の特徴

　湿式分析では，水などの溶媒に溶かした分析対象物質の溶液に前処理などを施し，定量・定性分析を行う．溶液をマイクロ流路内に導入する際，圧力駆動流が多く用いられる．圧力駆動流では，

1 ）溶液などの流体は圧力の高い方から低い方へ流れる

2 ）液相の物質の圧力による圧縮率は $10^{-10}\,\mathrm{Pa}^{-1}$ 程度であり，実質的に無視できる

3 ）流路が行き止まりになっていれば流れない（マスバランス）

など，ある意味当然の特性がある．

　マイクロ流路のような狭い空間の流体では，層流を形成するという特徴もある．流れの様子を表す無次元数である Reynolds 数 Re は，流体の密度 ρ，粘度 μ，平均速度 v，特性長さ L（円管の場合，間の直径）を用いて

$$Re = \frac{\rho v L}{\mu}$$

と表される．Re は粘性力に対する慣性力の比を表す無次元数であり，Re が概ね 1000 以下では層流となることが知られている．マイクロ流路内流れの典型的な状況として，直径 100 µm のマイクロ流路（$L = 1 \times 10^{-4}\,\mathrm{m}$）内を水溶液（$\mu = 1 \times 10^{-3}\,\mathrm{Pa \cdot s}$，$\rho = 1 \times 10^{-3}\,\mathrm{kg \cdot m^{-3}}$）が 1 cm·s^{-1}（$1 \times 10^{-2}\,\mathrm{m \cdot s^{-1}}$）で流れるとすると，$Re = 1 \times 10^{-3} \times 1 \times 10^{-2} \times 1 \times 10^{-4} / 1 \times 10^{-3} = 1 \times 10^{-0} = 1$ である．マイクロ流体内の流れは，慣性に対して粘性の優勢な層流である．

　長さ L の管内を高圧側から低圧側に流体が流れるとその間の圧力差 ΔP（圧力損失）は

$$\Delta P = \frac{32\,\mu v L}{d^2}$$

と表される．上記の例で直径 $d = 100$ μm，長さ 1 cm の流路を 1 cm·s^{-1} で水溶液が流れると，$\Delta P = 320$ Pa（大気圧 1×10^{-5} Pa の 0.3％）である．よく使う状況に近い，100 μm 直径のマイクロ流路を 1 cm·s^{-1} の流速で水を流すような状況では，1 cm あたり 320 Pa 程度の圧力が必要であり，シリンジポンプ駆動や落差法駆動などの微小フロー用の駆動方法が有効である．

4.1.2
マイクロ流体中の二相の流れ

水相と有機溶媒のような二相を用いる操作は分析化学で頻繁に用いられる．マイクロ流路内に二相を流すと，下記のような点で単一の溶媒のときと状況が変化する．

1）密度や粘度と言った基本的な物性の異なる溶媒が混在する
2）二溶媒間に界面張力が働く
3）マイクロ流路表面の濡れ性が流れに影響する

界面張力と濡れ性の影響は，流路サイズが小さくなるほど大きく流れに影響するため，特に注意が必要である．

このような二相をマイクロ流路内に流すと，いくつかの流れパターンが形成される．代表的なものとして，二相が平行に流れる平行二相流と，片側の相が他方の相内で液滴となる液滴流がある．

平行二相流れとその応用

4.2.1
平行二相流

　図4.1 に示すような Y 字型流路の 2 つの流路から，それぞれ水相・有機相
を流し，合流させると平行流を形成することがある．水相と有機相は粘度が異
なるため，合流前に同じ管径の流路を同じ速度で流していても（等流量で流し
ていても）合流後に同じ幅の平行二相流を形成するとは限らない．簡単のため
に幅方向の流速分布のみを考え，二相の界面で速度・せん断応力が一致すると
仮定した場合，等幅になるときの第 II 相の第 I 相に対する流量比 $R_{\mathrm{II-I}}$ は，第

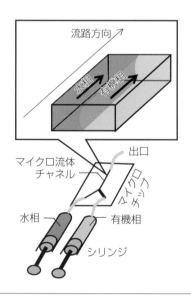

| 図 4.1 | マイクロ流路内の平行二相流れ[1] |

I 相・第 II 相の粘度 μ_{I}, μ_{II} を用いて

$$R_{\mathrm{II-I}} = \frac{\mu_{\mathrm{I}}}{\mu_{\mathrm{II}}} \cdot \frac{\mu_{\mathrm{I}}+7\,\mu_{\mathrm{II}}}{7\,\mu_{\mathrm{I}}+\mu_{\mathrm{II}}}$$

と表される[1]. たとえば水 ($\mu_{\mathrm{I}}=1$ mPa·s) と酢酸エチル ($\mu_{\mathrm{II}}=0.43$ mPa·s) を用いる場合, $R_{\mathrm{II-I}}=1.25$ となる. 低粘度の酢酸エチルをより速く流すことで二相の幅を同じにできる. たとえばシリンジポンプを用いて, 水の流量を $4\ \mu\mathrm{L}\cdot\mathrm{min}^{-1}$, 酢酸エチルの流量を $5\ \mu\mathrm{L}\cdot\mathrm{min}^{-1}$ に設定すると, 等幅の平行二相流が形成される.

　上の説明では, 粘度比だけを考えたが, 微小世界では界面張力が大きな働きをもつこともある. ポリマー水溶液が水性二相分離した場合などのように, 界面張力や濡れ性の効果が小さく, 二相界面のマイクロチャネル壁面で接触線が自由に動ける場合には, マイクロチャネル断面方向に二相間の圧力差は発生しない. しかし, 現実に分析前処理などに用いる水-有機溶媒系などでは, 界面張力が比較的大きく, 接触線にはピン留め効果もあり, 二相の幅は理想的な状況から外れ, 二相間に圧力差が発生することが多い. このような状況では, それぞれの相での長さ当たりの圧力損失に差が生じ, 平行二相流れの上流と下流で圧力差が異なるという状況もありえる.

4.2.2
平行二相流の安定化

　水相と有機相が平行して流れる平行二相流れは高速抽出および多段操作の集積化に有効である. このような流れを安定して得るために様々な工夫がなされている.

　1つは物理形状を利用する方法である. 油水二相と固体の接触線は前進接触角から後退接触角の間にあるとき固定されているが, 流路が平坦な場合, 流れの中の微小な圧力 (差) 変動により界面位置が移動してしまい二相流が望みでない形になることがある. この問題を解決するため, ウェットエッチングにより流路底面に突起構造を作製し, 突起先端部に界面位置を固定する方法が提案された[2]. この突起先端部では, 極微小な界面移動で広い範囲の接触角に対応できるため, 実質的に界面位置が動いていないように見えることを原理として

いる．

　もう1つの方法は，流路壁面の部分的化学修飾により，親水・疎水パターンを形成する方法である．マイクロチップを作製する際，最終的に貼り合わせる上板と下板の両面に同じ形の流路を形成し，片側を親水（ガラス表面），もう一方を疎水（アルキルシラン化処理）とすることで，1本の流路に親水部と疎水部を作製することができる．この流路では，油水二相と固体の接触線が，流路表面の親水・疎水パターン切替部に固定され，二相流を設計通りに操作することが可能となる[3,4]．この方法の発展形として，1本の流路に浅い部分と深い部分を作製しておき，浅い部分のみに溶液を毛管導入することで修飾する方法もある[5]．

4.2.3
平行二相流と抽出操作

　水相と有機相が平行して流れる平行二相流は分析前処理に頻繁に用いられる溶媒抽出（液液抽出）に利用することができる．実験室スケールの実験で溶媒抽出実験を行う場合，分液漏斗を用いて油水二相を機械的に撹拌することが多い．この操作には油滴（あるいは水滴）を小さくし，比界面積を大きく取ることにより二相間の物質輸送を促進するはたらきがある．マイクロ流体では，数百ミクロンの流路幅に複数の相が平行して流れる平行二相流が形成可能であり，単に接触させるだけで，分液漏斗での撹拌による比界面積と同等かそれ以上にすることができ，高速抽出が実現できる．また，流路レイアウトを工夫することにより，抽出後の有機相を次の操作に繋げるような連続操作も可能である．

4.2.4
尿中覚醒剤分析

　図4.2は，覚醒剤の代表例の1つであるアンフェタミン類（実験ではモデル物質）の分析前処理を行ったチップの例である[6]．厚さ0.7 mm，長辺70 mm，短辺30 mmのガラス基板に光リソグラフィー・湿式エッチングにて，マイクロ流路を作製した．流路接続用の貫通孔をもつ同じ大きさの基板を熱融

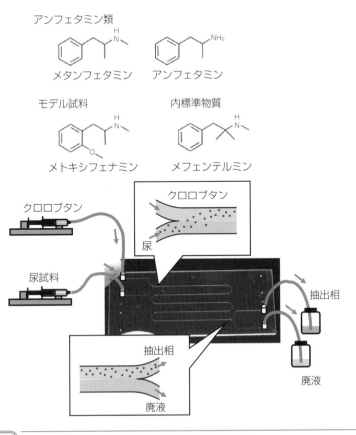

図 4.2 尿中覚醒剤抽出チップ[6]

着してマイクロ溶媒抽出チップとした．このチップでは，2つの導入口から水相と有機相（1-クロロブタン）をそれぞれ導入し，Y字型合流部で平行流を形成する．水相は，試料の尿にアンフェタミン類，内標準物質，EDTA，アンモニア水を混合し，チップ内に導入した．180 mm の油水接触チャネルでの接触を経て，Y字型油水分離部にて水相（廃液）と有機相（抽出相）に分離され，それぞれチップ外で回収される．このようにして回収した抽出相をガスクロマトグラフィーにて分析した．

4.2.5

重金属分析

図4.3に溶媒抽出とその後の有機相洗浄を集積化したコバルト湿式分析チップの例を示す[2]．この例では，コバルト（II）イオンを含む水溶液に2-ニトロソ-1-ナフトール（NN）を混合すると同時に，*m*-キシレンを平行して流す．流れの中でコバルト（III）-NN錯体が形成され，疎水性の錯体が*m*-キシレン相に抽出される．酸化反応を伴うため反応に少し時間が掛かるが，30秒程度で分析に十分な抽出が行えていることがわかる．このとき試料水相に銅イオンなどの妨害金属イオンが含まれる場合，この錯体も同時に抽出される．次に*m*-キシレン相を水相から分離し，後段のマイクロ流路にて，塩酸および水酸化ナトリウム水溶液と同時に接触させる．この操作は重力に基づく相分離が起こるバルクスケールでは実現できず，層流操作が可能なマイクロ流体特有の操作である．塩酸との接触により妨害金属イオンのNN錯体からNNが解離し，水酸化ナトリウムとの接触により分解したNNが除去される．最終的に*m*-キ

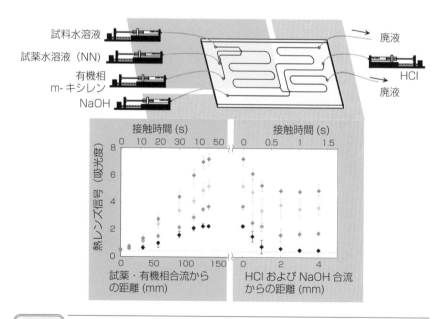

シレン相にコバルト錯体のみが残り，この相の吸光度を測定することにより，コバルトの定量が可能である．マイクロ流体の光路長は短いので，高感度分析が必要な場合は熱レンズ顕微鏡による高感度検出が有効である[7]．この例のように，マイクロ流体の特性を活かすことで連続プロセスのオンチップ集積化が可能である．

4.2.6
カルバメート系殺虫剤分析

図 4.4 はカルバメート系殺虫剤分析の前処理反応を集積化したチップである[8]．この例では，はじめにカルバメート系殺虫剤と塩基性水溶液をY字合流部で混合し，エステル部を加水分解する．次にその生成物を3流路合流部に導き，他の2つの流路からは，ジアゾニウム塩と有機相（n-ブタノール）を導入する．ジアゾカップリングにより生じたアゾ色素は疎水性であるので，有機

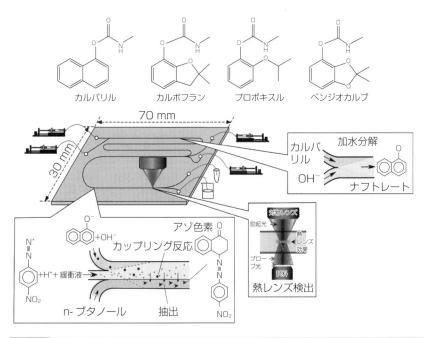

図 4.4　カルバメート系殺虫剤分析チップ[8]

相に抽出される．この反応の進行を熱レンズ顕微鏡にて検出する．さらにこの有機相をチップ外にて，ミセル導電電気泳動（MEKC）にて分離分析する．MEKC部についても連続流からのインジェクションを可能とすることで，チップ連続分析に接続可能である[9]．

4.2.7

向流抽出

マイクロ流路表面の親水・疎水パターンを用いる二相流安定化法は，広い流量比で平行二相流を形成可能である．これは，接触線が親水・疎水境界に強くピン止めされる効果を用いている．この効果により，二相流れの相間に生じる圧力差を界面変形に基づく界面張力で補償する．この方法をさらに突きつめて考えていくと，**図4.5**のような水相・有機相が逆方向に流れる油水向流も実現可能である[1,10,11]．マイクロ油水向流を用いると，向流抽出が可能である．水相と有機相を同方向に流す限り，抽出の理論段数は1段であるが，水相と有機相を対向方向に流すと多段操作となり，より回収率の高い抽出操作が可能となる[10]．

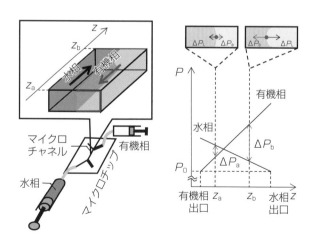

| **図 4.5** | マイクロ流路内の油水向流[1] |

4.3

マイクロ液滴とその応用

4.3.1

マイクロ液滴生成

　二相の流量比を大きく変えていくと，水相と有機相の合流部において水相
（分散相）が有機相（連続相）から剪断を受けて小さな液滴となる[12,13]．**図4.6**
のような液滴生成過程では界面張力が大きなはたらきをし，液滴の大きさは流
速と界面張力で決まり，条件によって単分散の液滴を得ることができる．

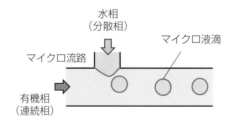

| **図 4.6** | **T字型流路によるマイクロ液滴生成[13]** |

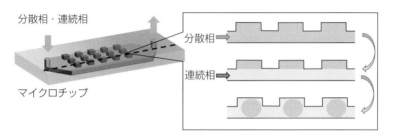

| **図 4.7** | **孤立分散相からのマイクロ液滴生成[17]** |

液滴を生成する方法には，T字の合流部に押し出す方法[12,14]，三流路を合流させて中央に分散相を両側に連続相を配置する方法[15]，二分岐を繰り返してプラグ流を液滴流に変換する方法[16]，図 4.7 のようにマイクロウェルに一旦孤立させた分散相から液滴を生成する方法などがある[17]．

4.3.2
マイクロ液滴の応用

マイクロ液滴は，pL 程度の大きさの分散相の中に分子・粒子・細胞などを閉じ込める点に大きな特徴がある．このことを利用した分析法が数多く報告されている．たとえば，過飽和状態のタンパク質を閉じ込めて結晶を得る方法[17,18]，試料 DNA と PCR 用溶液を閉じ込める DNA カウンティング法[19,20]，酵素ラベル化した抗原-抗体複合体を閉じ込めて ELISA の最終段階を実施するタンパク質カウンティング法[21]，単一細胞を閉じ込める単一細胞解析法（図4.8)[22] などがある．単一分子や単一細胞を解析する上で欠かせないツールである．

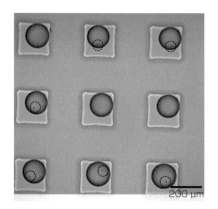

200 μm

図 4.8 マイクロ液滴による単一細胞閉込めの例[22]

図中の 9 つの液滴のうち 6 つに単一細胞が閉じ込められている（破線）．

……………………………………………… **文献** ………………………………………………

1 ）Hibara, A., Fukuyama, M., Chung, M., Priest, C., Proskurnin, M. A.：*Anal. Sci.*, **32**, 11（2016）.

2 ）Tokeshi, M., Minagawa, T., Uchiyama, K., Hibara, A., Sato, K., Hisamoto H., Kitamori, T.：*Anal. Chem.*, **74**, 1565（2002）.

3 ）Hibara, A., Nonaka, M., Hisamoto, H., Uchiyama, K., Kikutani, Y., Tokeshi, M., Kitamori, T.：*Anal. Chem.*, **74**, 1724（2002）.

4 ）Hibara, A., Nonaka, M., Tokeshi, M., Kitamori, T.：*J. Am. Chem. Soc.*, **125**, 14954 （2003）.

5 ）Hibara, A., Iwayama, S., Matsuoka, S., Ueno, M., Kikutani, Y., Tokeshi, M., Kitamori, T.：*Anal. Chem.*, **77**, 943（2005）.

6 ）Miyaguchi, H., Tokeshi, M., Kikutani, Y., Hibara, A., Inoue, H., Kitamori, T.：*J. Chromatogr. A*, **1129**, 105（2006）.

7 ）Kitamori, T., Tokeshi, M., Hibara, A., Sato, K.：*Anal. Chem.*, **76**, 52A（2004）.

8 ）Smirnova, A., Shimura, K., Hibara, A., Proskurnin, M. A., Kitamori, T.：*Anal. Sci.*, **23**, 103（2007）.

9 ）Smirnova, A., Shimura, K., Hibara, A., Proskurnin, M. A., Kitamori, T.：*J. Sep. Sci.*, **31**, 904（2008）.

10）Aota, A., Nonaka, M., Hibara A., Kitamori, T.：*Angew. Chem. Int. Ed.*, **46**, 878 （2007）.

11）Aota, A., Hibara, A., Kitamori, T.：*Anal. Chem.*, **79**, 3919（2007）.

12）Thorsen, T., Roberts, R. W., Arnold F. H., Quake, S. R.：*Phys. Rev. Lett.*, **86**, 4163 （2001）.

13）福山真央, 火原彰秀：ぶんせき，**2015**，8（2015）.

14）Fukuyama, M., Yoshida, Y., Eijkel, J. C. T., van den Berg, A., Hibara, A：.*Microfluid. Nanofluid.*, **14**, 943（2013）.

15）Anna, S. L., Bontoux, N., Stone, H. A.：*Appl. Phys. Lett.*, **82**, 364（2003）.

16）Link, D. R., Anna, S. L., Weitz, D. A., Stone, H. A.：*Phys. Rev. Lett.*, **92**, 054503 （2004）.

17）Fukuyama, M., Akiyama, A., Harada, M., Okada, T., Hibara, A.：*Anal. Methods*, **7**, 7128（2015）.

18）Zheng, B., Roach, L. S., Ismagilov, R. F.：*J. Am. Chem. Soc.*, **125**, 11170（2003）.

19）Pekin, D., Skhiri, Y., Baret, J.–C., Le Corre, D., Mazutis, L., Ben Salem, C., Millot, F., El Harrak, A., Hutchison, J. B., Larson, J. W., Link, D. R., Laurent–Puig, P., Griffiths, A. D., Taly, V.：*Lab Chip*, **11**, 2156（2011）.

20) Zhang, Y., Noji, H.: *Anal. Chem.*, **89**, 92 (2017).
21) Kim, S. H., Iwai, S., Araki, S., Sakakihara, S., Iino R., Noji, H.: *Lab Chip*, **12**, 4986 (2012).
22) Fukuyama, M., Tokeshi, M., Proskurnin, M. A., Hibara, A.: *Lab Chip*, **18**, 356 (2018).

Chapter 5

マイクロチップ クロマトグラフィー

　世界で初めて登場したマイクロ分析デバイスは，μTASという概念が提案される以前の1979年に報告されたガスクロマトグラフィーチップである.それに続いて登場したのが液体クロマトグラフィーチップである．このようにマイクロ分析デバイスの歴史はクロマトグラフィー装置の小型化によって始まったといえる．クロマトグラフィーは優れた分離分析法で，すでに多くの分野でされている．その装置が小型化されると，クロマトグラフィーの応用範囲がさらに拡張すると期待されている．分析時間が短縮され，並行分析が可能になるため，スループットが大幅に増大する．デッドボリュームが極めて小さくなるため，微小体積試料の分析も可能になる．非常に少ない移動相で分析ができるため，分析コストが大幅に削減される．さらに，現状で不可能な現場分析も現実的になる．本章では，ガスクロマトグラフィーおよび液体クロマトグラフィーのマイクロデバイスについて解説する．なお，電気クロマトグラフィーについては，本シリーズ機器分析編11巻で扱っているため本書では割愛する.

5.1

マイクロガスクロマトグラフィー

5.1.1
マイクロガスクロマトグラフの構造

　ガス分析は工場の作業環境や自然環境のモニタリングなどで必要とされていたことから，ガス分析装置の小型化あるいは可搬化へのニーズは古くからあった．そのため，微細加工技術を駆使してシリコンウエハに作製したガスクロマトグラフィー（GC）のマイクロチップ（GCチップ）が1979年に登場して以来（**図5.1**）[1]，そのような目的でガスクロマトグラフの小型化が行われてきた．すでに，一部はポータブルなガスクロマトグラフとして製品化されてい

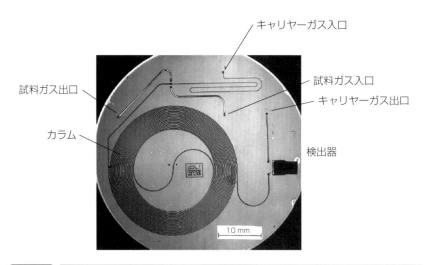

| 図5.1 | 世界で初めて開発されたガスクロマトグラフィーチップ |

【出典】de Mello, A.: Lab Chip, 2, 48 N (2002)；Terry, S. C. *et al.*: *IEEE Trans. Electron Devices*, 26, 1880 (1979)

　る．ガスクロマトグラフの小型化は純粋なダウンサイジングと微細加工技術（微小電気機械システム（MEMS）技術）による小型化の2面から行われている．微細加工技術による小型化の場合，試料導入部，カラム，検出部などの要素ごとに小型化したのちキャピラリーチューブで連結した構造が多いが，試料導入部とカラムあるいはカラムと検出部のように要素の一部を一枚の基板に集積することも行われている．

　GCチップのほとんどはシリコンとガラスを基材としている．これらの材料を用いるのは化学的安定性と熱安定性が高く，すべての作製工程に確立された微細加工技術を適用できるからである．シリコン以外の材料としては，ポリジメチルシロキサン（PDMS）[2]やパリレン[3]のようなポリマーが使用されている．これらのポリマーは，安価で入手しやすく，試作が比較的簡単にできる．ポリマーのほか，熱伝導性に優れており，カラムの温度調節に好都合との観点からニッケルのような金属も使用されている[4,5]．この場合，厚膜のポリメチルメタクリレート（PMMA）系レジストをパターニングしたのち電気めっきを行うLIGAプロセスで加工する．

5.1.2
試料注入器(インジェクター)

　従来のGCでは，試料を瞬時に気化する試料導入部があるが，マイクロGCでは対象試料が気体ということもあり，直接マイクロシリンジを用いて導入する場合が多い．ただし，カラムに対して導入量が多すぎるため，試料を所定の割合で分割してカラムに導入するスプリット注入法が用いられている．多くの場合，オフチップで行われるが，**図5.2**のようにカラムの前段に設けたT字型流路によってカラムと別流路に分割し，流路の末端に設置したバルブによってスプリット比を調節する手法もある[5]．

　世界で初めて報告されたGCチップには，ニッケル製ダイヤフラムを電磁駆動プランジャーによって動作させてバルブを開閉する導入装置（導入体積1nL）が搭載されていた（図5.1参照）．その後，テフロンコーティングしたポリイミドのダイヤフラムをガス圧で動作させるバルブからなるインジェクター（注入体積12 μL）も開発されている[7]．この方式は市販のポータブルガスクロ

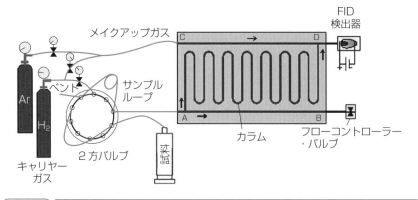

図 5.2 スプリット注入法

【出典】Bhushan, A. *et al.* : *J. Microelectromechanical Syst.*, 16, 383（2007）

マトグラフにも採用されている．また，化学的安定性が高いポリエーテルエーテルケトン（PEEK）薄膜をダイヤフラムに採用したループインジェクターも提案されている（注入体積：250 nL）（**図5.3**)[8,9]．

　試料注入の別法として，試料を固相に吸着させたのち，固相を加熱して脱離させることで予備濃縮した試料を導入する方法がある．この手法は，当初通常のGC用に開発されたものであるが[10]，吸着部とヒーターを微細加工した予備濃縮デバイスが提案されている．たとえば，シリコン基板に加工した溝に金属層と液体固定相（OV-17）をコートしたのち石英ガラスで閉じたマイクロ予備濃縮器がある（**図5.4**(a)）[11]．金属層は脱離用のヒーターとして用いる．この装置で14倍の濃縮が確認されている．このほか，平行に多数配列した深堀の溝に粒状吸着材を詰めた予備濃縮器も提案されている（図5.4(b)）[12]．さらに，マイクロチャンバー内に微小な柱（直径100 μm，高さ250 μm）を多数作製し，その側面にコートしたセルロース液を窒素雰囲気下600℃で炭化した予備濃縮器が作製されている（図5.4(b)）[13]．ヒーターはチャンバーの裏側に設置されている．これによればトルエンが13637倍に濃縮されている．

　上述のマイクロ予備濃縮器は試料ガスを強制的に送り込む方式であるが，拡散のみで試料を捕集する受動型予備濃縮器も提案されている（**図5.5**)[14]．この予備濃縮器では，吸着剤を保持した部屋（高さ226 μm）の天井に約1500

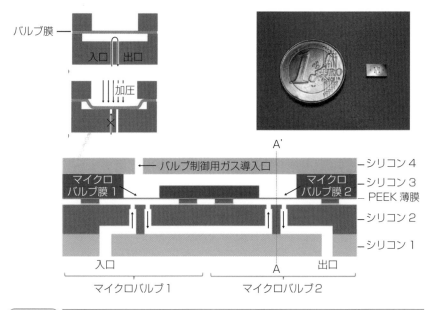

Chapter 1
Chapter 2
Chapter 3
Chapter 4
Chapter 5
Chapter 6

図 5.3	試料注入器

【出典】Nachef, K. *et al.*: *J. Microelectromechanical Syst.*, 21, 730（2012）

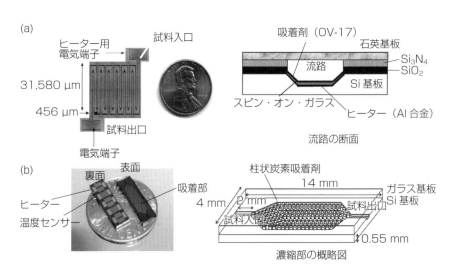

図 5.4	マイクロ予備濃縮器

【出典】(a) Kim, M. *et al.*: *J. Chromatogr. A*, 996, 1（2003）. (b) Wong, M.–Y. *et al.*: *Talanta*, 101, 307（2012）.

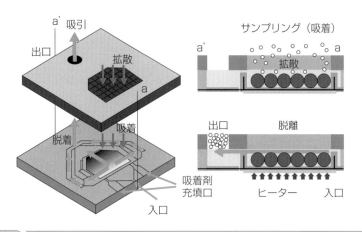

図 5.5　受動型マイクロ予備濃縮器

【出典】Seo, J. H. *et al.*: *Lab Chip*, 12, 717（2012）.

個の微小通気孔が設けられ，ここを通過した気体成分が吸着される．部屋の側面には脱離させた試料が通過するスリットがある．脱離は，吸着室の底に設けた金属薄膜ヒーターによる加熱と吸着室の側方からの吸引によって行う．1 ppm のトルエンの捕集・脱着試験では 93% の回収率が確認されている．

5.1.3
カラム

中空カラム

　従来の GC で最も一般的な中空キャピラリーカラムが微細加工技術により基板内に作製されている．このカラムは，シリコン基板に形成した溝をガラス基板で閉じたのち，内壁を液体固定相でコーティングすることによって作製する．カラムの幅および深さは数十〜数百 µm であり，長さは数十 cm〜数 m である．カラムのコーティングには次の 2 法がある．1 つは，スタティックコーティングと呼ばれるもので，揮発性の溶媒に溶解した固定相を流路に導入後，流路の片端を閉じて減圧して溶媒を蒸発除去する手法である（**図 5.6** (a)）[15,16]．コーティング層の膜厚は溶解する固定相濃度で決まる．もう 1 つは，ダイナミックコーティング[17,18]と呼ばれるもので，溶媒に溶解した液体固

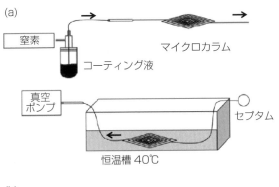

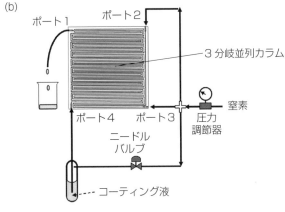

図5.6 (a) スタティックコーティング法と (b) ダイナミックコーティング法 (カラム (ポート1〜ポート4) をコーティングする場合)

【出典】(a) Reidy, S. *et al.*: *Anal. Chem.*, 78, 2623 (2006). (b) Chen, B.-X. *et al.*: *Lab Chip*, 13, 1333 (2013).

定相を流路に流し込んだあと，窒素またはヘリウムガスを流し，溶媒を蒸発除去する手法である（図5.6(b)）．液体固定相には無極性のポリジメチルシロキサン（PDMS）のほか，微極性の5% ジフェニル95% ジメチルポリシロキサン（OV-5）も用いられている．カラムは，長さを十分確保するためにらせん形か蛇行形にレイアウトされるが，蛇行形の理論段数のほうが高いという報告がある（図5.7）[19]．

充填カラム

充填カラムは，中空カラムよりも短い流路に粒子状充填剤を詰めたカラムで

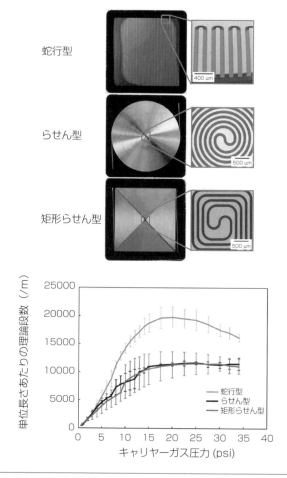

蛇行型

らせん型

400 µm

矩形らせん型

500 µm

500 µm

単位長さあたりの理論段数 (/m)

25000

20000

15000

10000

5000

0

0   5   10   15   20   25   30   35   40

キャリヤーガス圧力 (psi)

蛇行型
らせん型
矩形らせん型

図5.7 カラム形状の分離性能への影響

【出典】Radadia, A.D. *et al.*: *Sens. Actuators B Chem.*, 150, 456–464（2010）

ある（**図5.8**）．充填は，粒子を満たしたリザーバーをカラム入口に設置し，
出口側を真空ポンプで減圧にすることにより，吸引して導入する[20,21]．充填剤
はカラム末端に設置したガラスウールまたは小型のメッシュによって保持する
か，カラム末端に粒子よりも狭い間隔で並べられた複数の柱によって保持する
（**図5.9**）[22,23]．また，カラムをアルミニウム製ジャケットで保持して耐圧性を
高めておき，ガスで充填剤を加圧注入する充填法もある[24]．

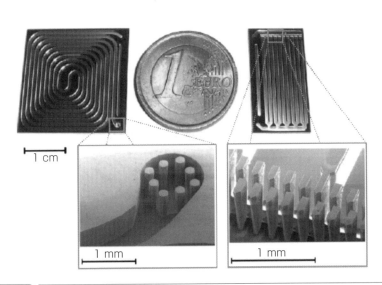

カラム

流路

充填剤

| 図5.8 | マイクロ充填カラム |

【出典】Zampolli, S. *et al.* : *Sens. Actuators B Chem.*, 105, 400（2005）.

1 cm

1 mm

1 mm

| 図5.9 | 充填カラム末端に微細加工されたフリット |

【出典】Zampolli, S. *et al.* : *Sens. Actuators B Chem.*, 141, 322（2009）.

Chapter 1
Chapter 2
Chapter 3
Chapter 4
Chapter 5
Chapter 6

半充填カラム（ピラーアレイカラム）

　半充填カラムは，流路内に規則的に配列された多数の微細な柱（ピラー）からなり，ピラーの側面が中空カラムと同様の方法でコーティングされたものである．ピラーは深掘り反応性イオンエッチングにより作製する．**図5.10**(a)

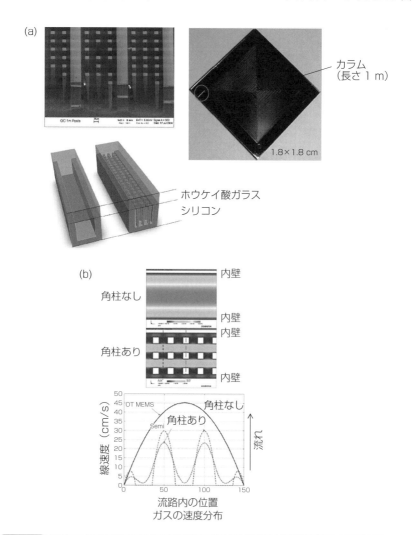

図5.10	(a) 半充填カラムの構造と (b) カラム内の速度分布

【出典】Ali, S. *et al.*: *Sens. Actuators B Chem.*, 141, 309（2009）.
口絵1参照

に示すような 190 μm 幅の流路に 20×20 μm の角形支柱を約 30 μm 間隔で配列したカラムでは，ピラーがない中空カラムよりも最小理論段高が約 2 倍向上するとともに，高速域での分離性能の低下もかなり小さいことが確認されている[25]．このように性能が向上するのは，カラムの長軸方向に平行に配列した角柱によってガスの経路が 4 つに細分化されるからである．細分化されると，各経路で形成する放物線状の速度分布が圧縮され，それに伴ってバンドの拡散が抑制する（図 5.10(b)）[26]．ただし，充填カラムと比べると固定相の表面積は小さい．

カラムヒーター

　一般に，GC では，保持時間とピーク分離の兼ね合いから恒温槽の中でカラム温度をプログラムにより一定温度にしたり，昇温させたりする．その目的のため，カラムを搭載した基板の裏面に金属薄膜（金または白金）による蛇行型の抵抗加熱ヒーターを形成することができる[23,27,28]．

包括的 2 次元ガスクロマトグラフィー

　包括的 2 次元ガスクロマトグラフィーは，GC×GC と呼ばれ，固定相が異なる 2 個のカラムを直列させ，1 つ目のカラムによる溶出成分を 2 つ目のカラムで分離することにより，分離できるピーク数（ピークキャパシティー）を大幅に向上させる手法である．この手法には 1 次元カラムで溶出した成分を冷却してごく短時間で一時的にトラップしてから再度気化させて 2 次元カラムに送るモジュレーターと呼ばれるインターフェースが必要となる．MEMS 技術で作製されたサーマルモジュレーターを**図 5.11**(a) に示す[29]．モジュレーターは，冷却のための熱電クーラー，ポリジメチルシロキサンをコーティングした 2 段階流路（長さはそれぞれ 4.2 cm および 2.8 cm）を有するシリコン基板，抵抗加熱ヒーターと温度センサーをパターニングしたガラス基板で構成されている．これによって 21 種類の炭化水素が良好に分離されている．また，3 cm四方のチップに作製したらせん型 1 次元カラム（流路寸法 250 μm×140 μm，長さ 3 m，液相：ポリジメチルシロキサン）と約 1 cm 四方のチップに作製した 2 次元カラム（流路寸法 46 μm×150 μm，長さ 0.5 m，液相：ポリ（トリフロオロプロピルメチルシロキサン））をモジュレーターで連結した μGC×GC により 36 種類の炭化水素が分離できることが報告されている（図 5.11

(a)

1次カラム
2次カラム
入口　リムヒーター

出口

リムヒーター　ステージヒーター

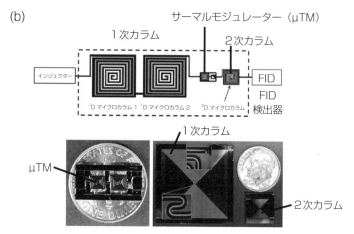

(b)

サーマルモジュレーター（μTM）

1次カラム　　　　2次カラム

インジェクター

¹D マイクロカラム 1　¹D マイクロカラム 2　²D マイクロカラム

FID

FID
検出器

1次カラム

μTM

2次カラム

図 5.11　(a) マイクロサーマルモジュレーターと（b）それを用いた μGC×GC

【出典】(a) Serrano, G. *et al.*：*Anal. Chem.*, 84, 6973（2012）. (b) Collin, W. R. *et al.*：*Anal. Chem.*, 87, 1630（2015）.

(b)）[30]. さらに，1次元カラムに2または3個の2次元カラムを接続した μGC×GC も開発されている[17,31].

5.1.4
検出器

　従来の GC には，選択性に関して様々な検出器があるが，マイクロガスクロマトグラフィーでは非選択的な検出器が用いられている．また，市販の検出器を用いるオフチップ検出も多い．ここでは微細加工された検出器を紹介する．

熱伝導度検出器

　熱伝導度検出器（TCD）は，構造が簡単でほとんどの化合物に対して応答性があることから，最初に報告されたGCチップで採用された[1]．その後，流路内部に形成したニッケル薄膜を加熱用フィラメントとするTCDが開発され，260 ppbの検出限界が得られている（**図5.12**(a)）[32]．一般に，TCDでは，純粋なキャリヤーガスと試料を含むキャリヤーガスをそれぞれリファレンスおよび試料用のフィラメントに導く必要がある．そのためリファレンス用の配管が別途必要になり配管が複雑になる．そこで，リファレンス用のフィラメントをカラム入口側に配置し，試料用のフィラメントをカラム出口に配置することで，構造をシンプルにしたTCDが提案されている（図5.12(b)）[33]．カラム入口で一時的に試料が通過するがその後は純粋なキャリヤーガスが通過するた

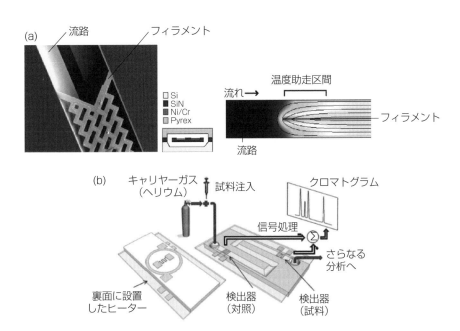

| 図 5.12 | 熱伝導度検出器 |

【出典】(a) Kaanta, B. C., *et al.*: In 2009 IEEE 22 nd International Conference on Micro Electro Mechanical Systems; IEEE, 264 （2009）. (b) Narayanan, S. *et al.*: *Procedia Eng.*, 5, 29 （2010）.
口絵 2 参照

め，それに由来するネガティブピークがクロマトグラムに観測されるが，試料を検出する際には問題にならない．実際，8種類の炭化水素でこの検出器を試したところ，市販の水素炎イオン化検出器（FID）と同等のクロマトグラムが得られている[34].

水素炎イオン化検出器

FIDは，水素と空気を一定比で燃焼して水素炎を発生させる部位と，カラムからの溶出物（有機化合物）がそこを通過して生じるヒドロニウムイオンH_3O^+を捕捉するコレクター電極からなる．水素炎を噴出する部位をガラス/シリコン/ガラスの3層で構成し，その上層のガラス基板にコレクター電極（カソード）を形成し，円筒型の金電極（アノード）を設置した検出器（**図5.13 (a)**）では，メタンおよびペンタンの検出限界は，それぞれ441 ppbおよび104 ppbであった[35]．また，図5.13(b)のような水素炎がガラス/シリコン/ガラスの3層チップ内で生成する平面タイプのマイクロFIDも開発され，供給ガスが大幅に削減できることが実証されている[36]．さらに，水素と酸素を衝突するように供給することで水素炎の安定性を改善し，従来装置並みにシグナル強度が高いタイプも開発されている（図5.13(c)）[37].

半導体ガスセンサー

シリコン基板に微細加工したマイクロヒーターにスクリーン印刷で酸化スズをパターニングした半導体ガスセンサーがカラムとともに集積されている．マイクロヒーターは，測定時に酸化スズを高温にする必要があるため配置されている．このセンサーの選択性は，酸化スズにドープする金属の種類によって変わり，0.4%の金をドープしたとき，ホモバニリン酸およびバニリルマンデル酸の両者が検出されている[38]．一方，メタン用の市販酸化スズ系ガスセンサーが類似構造の化合物に応答することを利用してマイクロカラムとともに集積され，一酸化炭素，メタン，アセチレン，エチレン，エタンのクロマトグラムが得られている[21]．エチレンについて1 ppmの検出限界が得られている．

光イオン化検出器

光イオン化検出器（PID）は，放電により励起したヘリウムが基底状態に戻るときに放出する光エネルギーによって試料をイオン化し，そのイオンを電極で検出するものである．放電電極（ギャップ：20 μm）および検出電極を有す

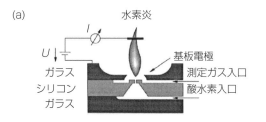

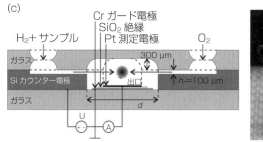

図 **5.13** 水素炎イオン化検出器

【出典】(a) Zimmermann, S. *et al.*: *Sens. Actuators* B *Chem.*, 63, 159 (2000). (b) Kuipers, W., *et al.*: *Talanta*, 82, 1674 (2010). (c) Kuipers, W. *et al.*: *J. Chromatogr.* A, 1218, 1891 (2011).

るイオン化チャンバーをホウケイ酸ガラス基板に構築した PID が作製されている（**図 5.14**）[39]．また，PID と半充填カラムを集積した場合，オクタンについて，FID に匹敵する検出限界（約 10 pg）が得られている[40]．

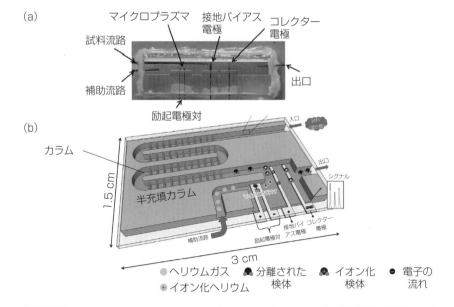

(a)

マイクロプラズマ　接地バイアス　コレクター
　　　　　　　　　電極　　　　　電極
試料流路

補助流路

出口

励起電極対

(b)

カラム

半充填カラム

1.5 cm

3 cm

補助流路　　　励起電極対　接地バイ　コレクター
　　　　　　　　　　　　　アス電極　　電極

入口

出口

シグナル

マイクロプラズマ

GND

ヘリウムガス　分離された　イオン化　電子の
イオン化ヘリウム　検体　　　検体　　流れ

図 5.14	光イオン化検出器

【出典】 (a) Narayanan, S. *et al.*: *Microchim. Acta*, 181, 493 (2014). (b) Akbar, M. *et al.*: *Lab Chip*, 15, 1748 (2015).

5.2

マイクロチップ 液体クロマトグラフィー

5.2.1

マイクロチップ型液体クロマトグラフの構造

　マイクロチップ型液体クロマトグラフィーデバイスは 1990 年に初めて登場するが, その後登場するマイクロチップキャピラリー電気泳動デバイスほどに開発が急激に進展することはなかった. その理由は, キャピラリー電気泳動法と比べると, 構成要素が多く, その流体制御が難しいからである. しかし,

キャピラリー電気泳動法よりも多様な分離モードが使用できる液体クロマトグラフィーにも注目が集まり，今日まで活発に研究が行われている．

　液体クロマトグラフィー（LC）のマイクロチップ（以下，LC チップと略）は，1 辺または長辺が 5～100 mm 程度の基板にカラムやいくつかの要素（ポ

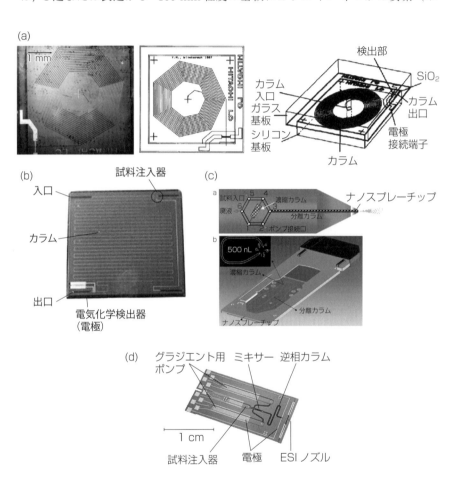

図 5.15　マイクロチップ液体クロマトグラフ（LC チップ）の概略

（a）カラム－検出器集積型，（b，c）試料注入部－カラム－検出部集積型，（d）ポンプ－試料注入部－カラム－検出部集積型

【出典】（a）de Mello, A.: *Lab Chip*, 2, 48 N（2002）; Manz, A. *et al.*: *Sens. Actuators B. Chem.*, 1, 249（1990）.（b）McEnery, M. *et al.*: *Analyst*, 125, 25（2000）.（c）Zhao, C. *et al.*: *J. Chromatogr. A.*, 1218, 3669（2011）.（d）Xie, J. *et al.*: *Anal. Chem.*, 77, 6947（2005）.

ンプ，試料注入部，検出部）が密に配置されたデバイスである．これまでに報告されている LC のチップは配置された要素の構成によって以下の3種類に大別される．

(1) カラム－検出器集積型[41-46]

この最初の報告例は，世界で初めて報告された LC チップである。5 mm 四方のシリコン基板に七角形のらせん形中空カラムと電導度検出用の白金電極を加工し，ホウケイ酸ガラス板を接合したものであった（**図 5.15**(a)）．

(2) 試料注入部－カラム－検出部集積型

このタイプは 1990 年代から報告され[47]，報告例が最も多い（図 5.15(b, c)）[48-53]．

(3) ポンプ–試料注入部－カラム－検出部集積型

LC に必要な最小限の要素をすべて集積したチップであるが，報告は数例しかない（図 5.15(d)）[54-56]．

5.2.2
マイクロ液体クロマトグラフの材料·作製

LC チップの基板にはシリコンまたはガラスが用いられる場合が多いが，大量生産に向いたプラスチックも利用されている．LC チップの典型的な作製工程は，基板に流路となる溝の作製から始まる．最終的に，別の板材料を接合して溝を閉じ，流路の特定の部分にカラムを形成する．チップの設計では，一方の要素の作製工程が他の要素の作製工程を干渉しないようにすることが必要である．さらに，実際の分析においては様々な混合溶媒が使用され，高い圧力が流路内にかかるため，化学的・機械的耐性がある材料を選ぶ必要がある．

シリコンやガラス基板では，流路をつくるためにフッ化水素酸による湿式エッチングが用いられ，2段階エッチングを行って深さが異なる溝をつくることもある．流路またはカラムを高アスペクト比で形成する場合には反応性イオンエッチングのようなドライエッチングが用いられる．さらに，パリレンの化学蒸着によってポリマーの層で流路を構築する場合もある（**図 5.16**）[56]．電極を設置する場合は，金または白金を蒸着し，フォトリソグラフィーによりパターニングしたのちエッチングを行うか，リフトオフを行う．ただし，金また

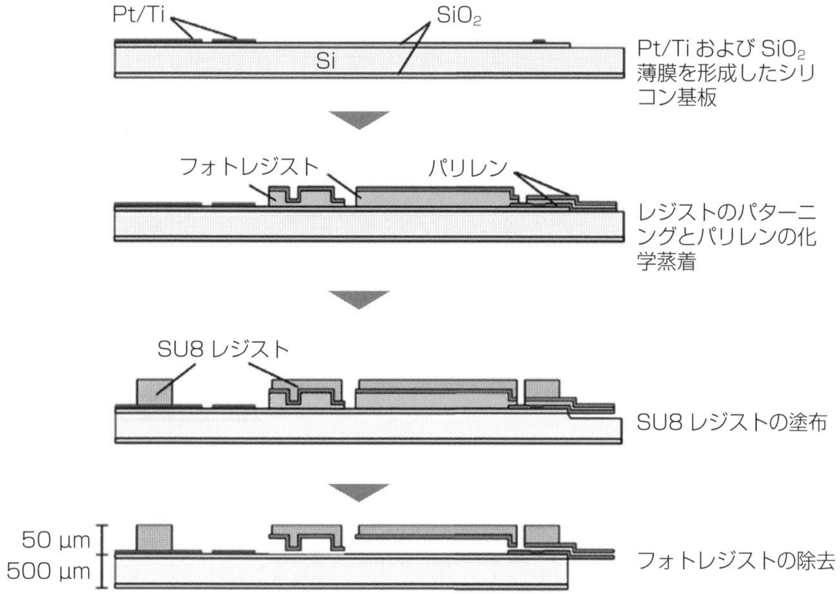

図5.16 パリレンを用いるマイクロチップの作製工程

【出典】Xie, J. *et al.*: *Anal. Chem.*, 77, 6947（2005）.

は白金と基板の密着性を増すために，あらかじめクロムやチタンの層が蒸着される．液の出入口を設ける場合には，ダイヤモンドビットによるドリル加工またはサンドブラスト加工が用いられる．基板の接合は陽極接合により行われる．

　プラスチック材料を基板とする場合，ポリジメチルシロキサン（PDMS）[48]，ポリイミド[57]，ポリスチレン[44]，環状オレフィンコポリマー（COP）[45,58,59]が使用される．これらの材料はポリイミドを除いて透明性が高いため，光学検出系の設置に向いている．一方で，耐薬品性についてはポリイミドが特に高く，次いで環状オレフィンコポリマーが高い．PDMSを材料とする場合は前駆体を鋳型に流し込んで硬化させるソフトリソグラフィーが用いられる．ポリイミドの場合，3枚のポリイミドフィルム層を重ねて圧着することでチップを形成し，中間のフィルムには流路が切り抜かれている．COPの場合，溝の形成にはホットエンボス加工が用いられ135℃で加熱しながら鋳型に押し付けて作製

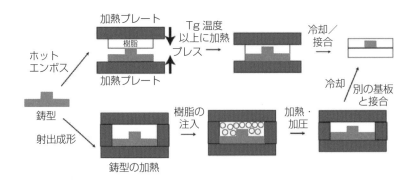

加熱プレート
樹脂
加熱プレート

ホット
エンボス

Tg 温度
以上に加熱
プレス →

冷却／
接合

鋳型

射出成形

鋳型の加熱

樹脂の
注入 →

冷却／別の基板
と接合

加熱・
加圧 →

図 5.17 ポリマー材料を用いるホットエンボス加工

【出典】Landers, J. P.（ed.）: Handbook of Capillary and Microchip Electrophoresis and Associated Microtechniques, Third Edition, p.1446, CRC Press（2007）より改変

する（**図 5.17**）．接合は，有機溶剤（メチルシクロヘキサンなど）で表面を溶かして別の板と加温・加圧することで行う．ポリスチレンの場合，微細加工技術で金薄膜電極を直接パターニングでき，切削加工により流路を作製できる．

5.2.3
ポンプ

LC チップでは，通常の HPLC と同様に脈流の低減と高い吐出圧が求められる．MEMS 技術によって開発されている多くの微小機械ポンプは，脈流を生じるダイヤフラム型であるため採用されていない．そのため，LC チップに搭載されるポンプは，脈流が生じない電気化学現象を利用したものに限られている．これらのポンプは，基板内に複数搭載することができ，移動相の送液だけでなく，試料の注入にも利用されている．

オフチップポンプ

一般的なオフチップポンプは，シリンジポンプと HPLC ポンプ[60]である．いずれも様々なモデルが市販されているが，十分な吐出圧を持ち，脈流が低減されたモデルを選択する必要がある．また，LC チップでの流量が数百 nL/min〜数 μL/min であるため，その領域で流量精度や正確さにも注意が必要である．このほか，移動相を装填した密閉容器に圧縮ガスを送り込んで移動相を吐

出するポンプもある[51,61,73)].

電気化学ポンプ（電解ポンプ）

　電気化学ポンプは，密閉チャンバー内で水の電気分解を行い，以下のように発生する気体で液体を押し出すしくみとなっている．

$$2\ H_2O \rightarrow 4\ H^+ + 4\ e^- + O_2(g)$$

$$2\ H_2O + 2\ e^- \rightarrow 2\ OH^- + H_2(g)$$

　移動相の流量は，電気分解で流す電流で調節する．電気化学ポンプの一例として**図5.18**の工程で作製したポンプがある．シリコン基板上にパリレン，

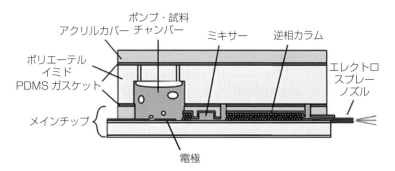

(a)

ポンプ・試料
アクリルカバー　チャンバー　　　ミキサー　　　逆相カラム

ポリエーテル
イミド
PDMS ガスケット　　　　　　　　　　　　　　　　　エレクトロ
　　　　　　　　　　　　　　　　　　　　　　　スプレー
　　　　　　　　　　　　　　　　　　　　　　　ノズル

メインチップ

電極

(b)

　　　　　マイクロ流路　　　　廃液出口
電気分解
チャンバー

ガラス　　　　　　　　　　　　　　　　　ガラス

　　　　　　　　　　　　　　　　　　　　0.5 cm

移動相リザーバー　　試料液　　試料注入用電気分
　　　　　　　　　リザーバー

図 5.18　電気化学ポンプ

【出典】(a) Xie, J. et al.: Anal. Chem., 77, 6947（2005）. (b) Fuentesa, H. V. et al.: Lab Chip, 7, 1524（2007）.

フォトレジスト SU-8，ポリエーテルイミドの層で構成した電気分解チャンバーとその底部に設置した白金電極で構成されている（図 5.18(a)）[56]．このポンプは基板内に 3 基搭載でき，1 つは試料の注入用として使用し，残りの 2 つは移動相の送液用としてイソクラティック溶離またはグラジエント溶離[62]に使用する．計算上の最大送液圧力は，400 μA で 1 MPa 弱（140 psi）であった．このほかガラス基板にダイヤモンドビットでくり抜いた 2 個の穴を電気分解チャンバーと移動相リザーバーとし，これらをマイクロ流路で連結したポンプも提案されている（図 5.18(b)）[63]．ここでは電解チャンバーに硝酸カリウム溶液（0.1 M）を充填し，15 V を印加したとき，210 nL/min（変動は 4.2%，$n=5$）の流量が得られている．

電気浸透流ポンプ

　電気浸透とは，毛管の中に液体が満たされた状態で毛管の両端に直流電圧（電場）を印加すると液体が一方向に流動する現象であり，電気浸透流はその液体の流れをいう．この流れを移動相の駆動力とするのが電気浸透流ポンプである．毛管の中の液体は，毛管内壁の電荷と同符号の電極に向かって移動する．毛管の素材がシリカであれば，内壁のシラノール基が解離している場合，液体は負極方向に移動する．このときの液体としては水だけでなく，メタノールやアセトニリルのような典型的な移動相溶媒も利用できる．流量は電圧によって調節するが，式（1）が示すように電気浸透流（第 1 項）と背圧（第 2 項）とのバランスによって決まる．

$$Q = \frac{\pi a^2 \, \varepsilon \zeta}{\eta L} \Delta V - \frac{\pi a^4}{8 \, \eta L} \Delta p \qquad (1)$$

Q は流量，a は毛管半径，ε は誘電率，ζ はゼータ電位，η は粘性率，ΔV は印加電圧，L は毛管の長さ，Δp は圧力差である．毛管半径は電気二重層の厚さよりも大きい必要がある．印加電圧は高いほど高い流量が得られ，典型的には数百〜数千 V とかなり高い．そのため，電極の劣化と水の電気分解で生じる気泡のカラムへの浸入に注意が必要である．

　電気浸透流ポンプは，当初キャピラリーカラムクロマトグラフィーで検討されていたが，毛管（マイクロ流路）と電極がいずれも微細加工技術で作製できることから，マイクロ流体デバイスの送液ポンプとしても研究が活発に行われ

ている[64]．1本の毛管では十分な流量と吐出圧を得ることができないため，多数の毛管を設ける工夫がなされている．たとえば，多数のマイクロ流路を並列する，マイクロ流路に充填した粒子による多数の間隙を利用する，流路に連続的多孔体（モノリス）を形成する手法がある．ガラス基板に200本のマイクロ流路（幅7〜10 μm，深さ1.5〜1.8 μm，長さ2 cm）を並列させたポンプでは，10〜400 nL/minの流量が得られている（**図5.19**(a)）[54]．ほかに，石英基板に直線マイクロ流路（幅230 μm，深さ100 μm，長さ3 cm）を作製し，5 μm径の多孔性シリカビーズを充填した電気浸透流ポンプがある（図5.19(b)）[55,65]．シリカビーズは，ポンプとカラムの間の浅い流路によって堰止められている．流量は15〜28 nL/min（印加電圧2.0〜4.5 kV）が得られており，搭載したカラムの最適流量を網羅している．

　上述のような移動相を毛管部に直接充填するオンチップの電気浸透流ポンプでは，移動相組成が異なるごとに印加電圧の調節が必要である．実際の流量は，電場の大きさだけでなく，移動相の組成（溶媒濃度，電解質濃度，pH）で異なるからである．また，長時間駆動すると，毛管内壁への移動相成分の吸着や電極活性の変化により流量が変動することがある．そこで，電気浸透流の発生部位と移動相を隔膜で分離し，流量センサーを組み込んでその信号に応じて印加電圧をPID制御するオフチップの間接型電気浸透流ポンプが提案されている（図5.19(c)）[66]．電気浸透流の発生には水が用いられている．毛管材料も検討することで60 Vの電圧で最大10 μL/minを吐出でき，流量の変動は0.17 %と高精度であった．前述のポンプでは，印加電圧が数千Vと高いため，直流高圧電源装置が必要であったが，このポンプでは電圧が低いため乾電池で動作し，全体としてかなりコンパクトである．

遠心力

　遠心力による移動相の駆動も試されている．この場合，コンパクトディスク型の基板に溶媒リザーバー，試料リザーバー，カラムを配置し，これを卓上遠心機で回転させる[67]．回転が始動すると，遠心力により移動相と試料が流れ出し，カラムの平衡化，試料注入，分離が行われる．それぞれに適した流量は，回転速度で調節する．

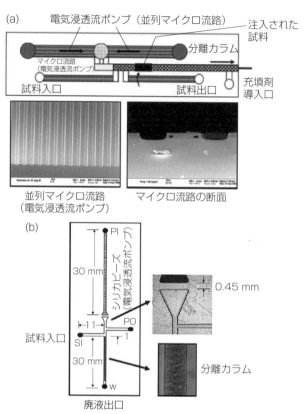

(a) 電気浸透流ポンプ（並列マイクロ流路）　注入された試料

マイクロ流路（電気浸透流ポンプ）　分離カラム

試料入口　試料出口　充填剤導入口

並列マイクロ流路
（電気浸透流ポンプ）　マイクロ流路の断面

(b)

PI

シリカピース
（電気浸透流ポンプ）

30 mm

0.45 mm

試料入口　PO

SI　1

30 mm

分離カラム

W

廃液出口

(c)

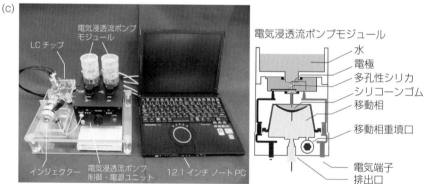

LCチップ　電気浸透流ポンプモジュール

電気浸透流ポンプモジュール

水
電極
多孔性シリカ
シリコーンゴム
移動相

移動相重填口

電気端子
排出口

インジェクター　電気浸透流ポンプ制御・電源ユニット　12.1 インチ ノートPC

図5.19 電気浸透流ポンプ．（a, b）オンチップタイプと（c）コンパクトなオフチップタイプ[66]

【出典】（a）Lazar, I. M. *et al.*: *Anal. Chem.*, 78, 5513（2006）, Joseph F. Borowsky, J. F. *et al.*: *Anal. Chem.*, 80, 8287（2008）.

5.2.4
インジェクター

　試料の導入にはオフチップとオンチップの 2 つの方式がある．オフチップで試料導入を行う場合，注入容量が nL オーダー（10 nL または 20 nL）か[68,69] それよりも大きな容量の市販品が用いられる．注入容量が必要量より大きな場合は，試料の一部を適当な割合に分岐させて注入するスプリット法を用いる．いずれの場合もインジェクターとマイクロチップを接続するチューブが大きなデッドボリュームとなるため，チューブやコネクターの内径の選択に注意が必要となる．

　オンチップで行う場合，マイクロチップキャピラリー電気泳動で用いられる

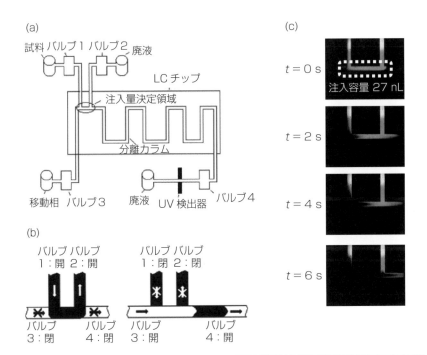

(a)
試料　バルブ1　バルブ2　廃液
LC チップ
注入量決定領域
分離カラム
移動相　バルブ3　廃液　UV 検出器　バルブ4

(b)
バルブ　バルブ
1：開　2：開
バルブ　バルブ
3：閉　4：閉

バルブ　バルブ
1：閉　2：閉
バルブ　バルブ
3：開　4：開

(c)
$t = 0$ s
注入容量 27 nL
$t = 2$ s
$t = 4$ s
$t = 6$ s

図 5.20　（a，b）オンチップ試料導入法と（c）蛍光顕微鏡で観察した導入の様子

【出典】（a）O'Neill, A. P. *et al.*: *J. Chromatogr. A*, 924, 259（2001）.（b）Chmela, E. *et al.*: *Lab Chip*, 2, 235（2002）.（c）Eghbali, H. *et al.*: *LC–GC Eur.*, 20, 208（2007）, Ishida, A. *et al.*: *J. Chromatogr. A*, 90, 1132（2006）.
口絵 3 参照

ピンチドインジェクションまたはゲートインジェクションに類似した手法が用いられる[70]．ピンチドインジェクションの場合，カラムの前段にT字型流路を2個設置し，その3つの末端をそれぞれ移動相導入口，試料導入口，および

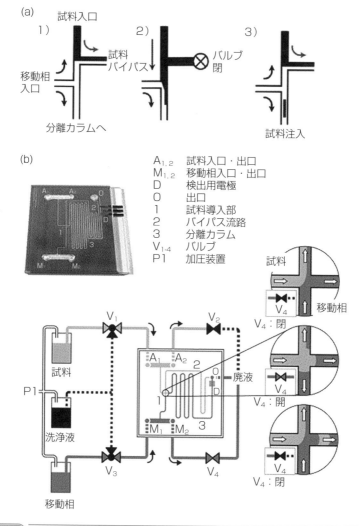

図 5.21 ┃ 動的試料導入法

【出典】(a) Vahey, P. *et al.*: *Talanta*, 51, 1205 (2000). (b) Liu, J. *et al.*: *Anal. Chem.*, 81, 2545 (2009). (c) Schlund, M. *et al.*: *Sens. Actuators B Chem.*, 123, 1133 (2007).

試料排出口とし，これらとカラム出口を含めた4カ所にバルブを設置する（**図 5.20**(a)）．移動相をカラムに満たしたら，移動相導入バルブを閉め（カラム出口バルブも閉める場合もある），試料導入口–試料排出口間を試料で満す．次に，移動相導入バルブを開くと，2つのT字路の間の領域に満たされた試料だけが移動相に切り取られるようにカラムに注入される（図5.20(b，c)）．注入容量はこのT字路間の体積となる．この方法により20〜30 nL[50,71]あるいはそれよりもかなり微量な体積（150，900 pL）[61,72-74]も注入できる．バルブの開閉制御の代わりに電気浸透流ポンプのON/OFFによっても500 pLあるいは約1 μLの注入も行われている[54]．

　一方，ゲートインジェクションの場合，ピンチドインジェクションと同様の流路を用いるが，移動相および試料の流れを停止せずに動的に試料注入を行うところに特徴がある（**図 5.21**(a)）．注入体積は，試料をカラムに流す時間によって決まるため，条件に応じた容量を注入することができる．試料が必要以上に導入されないようにするため，流路が切り替えられ，試料はバイパスに通して排出される．この注入法によれば，250 pL〜2 nLの注入が可能となっている[48,59]．また，十字型流路を用いて，70〜525 pLの注入も行われている（図5.21(b)）[51]．さらに，ポンプ–カラム間に試料導入流路を連結させた系で，移動相の送液を一時停止させて試料を所定時間導入したのち，送液を再開することで注入する手法もある．この手法によれば，50 pL〜数nLの注入が可能である[63,75]．

5.2.5
カラム

　一般に，LCでは，カラム径が小さくなると，インジェクターや検出器との接続チューブでのデッドボリュームのバンド拡散への寄与が大きくなるためそれを低減することが非常に重要になる．しかし，LCチップでは，カラムにインジェクターや検出器を近接するよう設計できることからそのような問題の解決は容易である．以下では，LCチップで用いられているカラムを解説する．

中空カラム

　中空カラムは，微細加工により流路を作製したのちカラム内壁を化学修飾す

るという簡単な工程で作製できる．世界で初めて報告されたLCチップのカラ
ムは，中空カラム（2 μm×6 μm×15 mm）であり（**図5.22**）[41]，その後報告
されたLCチップのカラムの半数近くを占めている．カラム内壁は，オクチル
シラン（C8）基などを直接修飾するか[50]，ゾル−ゲル法で多孔性薄膜を形成し
たうえでC8基を修飾する．また，流路材料をポリジメチルシロキサン
（PDMS）とし，その疎水性により化学修飾が不要な中空カラム（サイズ：100
μm×10 μm×6.6 cm）も提案されている[48,49]．しかし，中空カラムでは，固定
相の表面積が小さいため，固定相−移動相間の相互作用が十分でなく高い分離
性能は得られていない．

　一方で，サブマイクロスケールの中空カラムも検討されている．石英基板に
作製した流路（幅2.3 μm，深さ350 nm，長さ1.1 mm）をそのまま中空カラ
ムとして用いて，ズダンⅠとズダンオレンジⅠの順相クロマトグラフィーが試
され[76]，ズダンオレンジⅠの理論段高は6.5 μmであった．また，幅2 μm，深
さ470 nm，長さ10 mmの流路に内壁をC18修飾した中空カラムで蛍光標識
した4種類のアミノ酸（セリン，アラニン，プロリン，バリン）の分離が行わ
れた．ベースライン分離は達成していないものの数 μmという中空カラムとし

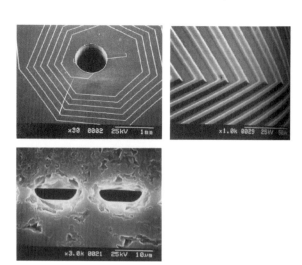

図5.22　中空カラム

【出典】Manz, A. *et al.*: *Sensors Actuators B. Chem.*, 1, 249（1990）.

てはかなり低い理論段高が得られている[77]．このカラムは非常に小さく，注入量も 30 aL と非常に小さいことから，単一細胞の抽出物の分析が期待されている．

モノリスカラム

　モノリスカラムは，細孔が先端から末端まで貫通した多孔体を固定相担体とし，かなり大きな表面積をもちながら，背圧が低いという特長がある．モノマー溶液を流路に流し込み，その中で直接合成するため，充填カラムのようなフリットの設置と粒子の充填が不要である．モノリスにはその骨格の種類により有機ポリマーとシリカ系ポリマーがある．どちらの場合も重合の際に相分離が起こることで細孔が形成される[78]．一般に，シリカ系モノリスの機械的強度と耐溶媒性は有機ポリマーモノリスよりも高いとされている．一方，シリカモノリスは pH 2 以下で非特異吸着を生じ，pH 9 以上で化学的安定性が低いが，有機ポリマーモノリスはそれよりも広い pH 範囲で利用できる．

　有機ポリマーモノリスカラムの合成には光重合または熱重合が用いられる．いずれの場合もモノマー溶液の溶媒が細孔形成に重要な役割を果たす．この溶媒はポロゲンと呼ばれ，重合体に対する良溶媒と貧溶媒の混合溶媒である[79]．光重合を用いる場合，モノマー液を満たした流路にマスクを通して紫外線照射すると，流路の特定部位にカラムを作製することができる．未反応のモノマーは洗浄除去する．この作製法により，光透過性が高い COP 基板にメタクリル酸エチルヘキシル（EHMA）/ジメタクリル酸エチレングリコール（EDMA）系の有機ポリマーモノリスカラム（100 μm×100 μm×55 mm）が調製されている（図 **5.23**(a)）[45,58]．あらかじめ内壁に前処理（グラフト重合）を施すことにより合成される多孔体と内壁を結合することができる．このカラムの性能は，ウシ血清アルブミンの酵素代謝物の分離で実証されている．また，360 nm 以上の波長域に高い光透過性をもつ厚膜レジスト SU-8 で作製された流路（250 μm×100 μm×3 cm）にメタクリル酸ラウリル（LMA）/EDMA 系のポリマーモノリスカラムが調製され，ペプチドの分離に応用されている[80]．一方，光透過性がないポリイミド（褐色）のような基板にも熱重合を用いれば，ポリマーモノリスカラムの調製が可能である．LMA/EDMA やスチレン/ジビニルベンゼン系のポリマーモノリスカラム（200 μm×200 μm×68 mm）（図5.

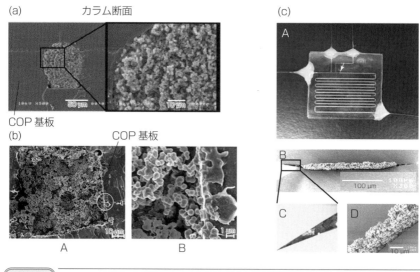

(a) カラム断面

COP 基板

(b)

COP 基板

A

B

(c)

A

B

C

D

図 5.23　モノリスカラム，モノリス担体

(a) TMPTA–EHMA/EDMA ポリマー，(b) BMA–TMPTMA ポリマー，(c) シリカ
【出典】(a) Ro, K. *et al.*: *J. Chromatogr. A*, 1111, 40（2006）. (b) Liu, J. *et al.*: *Anal. Chem.*, 81, 2545（2009）. (c) Ishida, A. *et al.*: *J. Chromatogr. A*, 1132, 90（2006）.

23(b)）[59]が熱重合で作製され，高い流量でのタンパク質やペプチドの分離にお
いてカラム骨格は安定で分離性能も高く，モノリスカラムの典型的な特徴が確
認されている．

　シリカ系モノリスカラムは，アルコキシシラン化合物を主原料とするゾル–
ゲル法により作製され[81]，加水分解，重合，相分離により多孔体が生成す
る[82]．ガラス基板に加工された流路（406 μm×31 μm×40 cm）にテトラメト
キシシラン，ポリエチレングリコール，尿素，酢酸の混合物を導入し，モノリ
ス骨格を調製したのち，C 18 で骨格表面を化学修飾して，逆相系カラムとす
る（図 5.23(c)）[71]．流路の特定部分にカラムを作製するには，混合物の位置
を流路末端にシリンジを接続し，空圧によって調節する．また，調製途中で高
温処理が必要なため耐熱性がない基板材料は使用できない．カテキン，エピガ
ロカテキン，エピカテキンの完全分離が達成され，理論段高さは 55 μm であっ
た．また，蛇行させた長いカラムでは蛇行部を直線部より細くすることでコー
ナーでの内周と外周の差による試料バンドの広がりを低減できることが実証さ

れている．メチルトリメトキシシランおよびフェネチルトリメトキシシラン，
酢酸，ポリエチレングリコール，ジエチルアミン（触媒）の混合物により石英
基板の流路（230 μm×100 μm×2.6 cm）にシリカ系モノリスカラムが調製さ
れている．ニトロベンゼン化合物が完全分離され，ニトロベンゼンの理論段高
さは 10 μm であった[55]．

粒子充填カラム

　粒子充填カラムは現在，HPLC で最も主流であり，充填剤のバリエーション
と応用事例が豊富であるため，様々な用途に応用しやすいという魅力がある．
しかし，マイクロ流路への粒子の充填では，粒子が流路から漏出しないような
工夫と粒子を流路内に細密に充填することが必要である．

　流路内で粒子を保持する方法としては，**図 5.24**(a, b) のように粒子が通過
できないほどの隙間（堰）か細い流路を流路末端側に設ける手法がある[83,84]．
このほか，光重合により多孔質を局所的に作製する手法やキーストーン効果を
利用して充填粒子だけで堰止める手法も考案されている（図5.24(c, d)）[85]．
ほかに，ごく少量のガラスウールを末端に詰める手法もある（図5.24(e)）[86]．
これらの手法では粒子の保持はいずれもカラム出口側のみで保持され，入口側
には設置されていない．一方で，カラムの中間部に充填用の導入口を設けるこ
とでカラム入口と出口の両方にフリット構造をもつカラムも考案されている
（図5.24(b)）[54]．充填剤の導入口は，蓋材や[56]光重合樹脂で封止する[75]．

　充填剤には 3～5 μm 径の C 18 修飾粒子が用いられ，その充填は粒子をイソ
プロパノールやテトラヒドロフランに懸濁させ，手動またはポンプ（数 MPa
～14 MPa）を用いて流路に送り込むことで行われる（スラリー法）．しかし，
通常のカラムが円筒形であるのと異なって，マイクロ流路は直方体であるた
め，初期に報告されたカラムの充填率は低く，理論段高も 100 μm 以上と高
かった．Tallarek のグループは流路への粒子の充填を理論的かつ実験的に検討
し，流路断面は正方形に近いほどよく，超音波下で高圧（30 MPa）で充填す
ることにより換算理論段高さ 2.1～2.8 μm を達成できることを明らかにしてい
る[53,84]．このほかに，乾燥充填剤をタッピングや吸引で充填する乾式法もあ
る[86]．

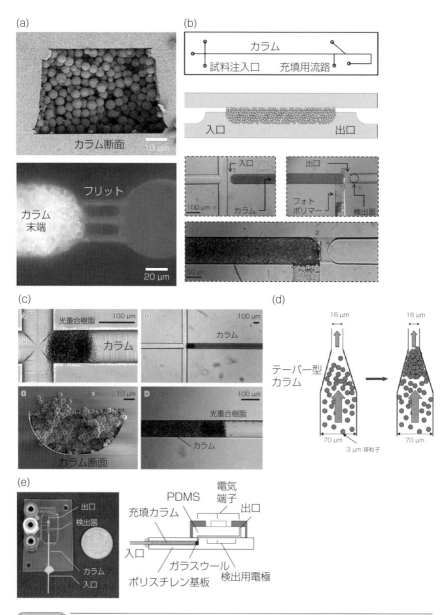

(a)

カラム断面
10 µm

フリット

カラム
末端

20 µm

(b)

カラム
試料注入口　充填用流路

入口　　　　　　　　　　　出口

入口
100 µm
カラム

出口
フォト
ポリマー
検出器

50 µm

(c)

光重合樹脂
100 µm
カラム

100 µm
カラム

10 µm
カラム断面

100 µm
光重合樹脂
カラム

(d)

16 µm

16 µm

テーパー型
カラム

70 µm

70 µm

3 µm 径粒子

(e)

出口
検出器
カラム
入口

PDMS
電気
端子
充填カラム
出口
入口
ガラスウール
ポリスチレン基板
検出用電極

<table>
<tr><td>図5.24</td><td>充填カラムと様々なフリット</td></tr>
</table>

【出典】(a) Ehlert, S. *et al.*: *J. Mass Spectrom.*, 45, 313 (2010). (b) Thurmann, S. *et al.*: *J. Chromatogr. A* 1340, 59 (2014). (c) Thurmann, S. *et al.*: *J. Chromatogr. A*, 1370, 33 (2014). (d) Ceriotti, L. *et al.*: *Anal. Chem.*, 74, 639 (2002). (e) Ishida, A. *et al.*: *Anal. Sci.*, 31, 1163 (2015).

ピラーアレイカラム

　LC チップの開発初期においては，中空カラムは表面積が小さく，充填カラムはフリットの作製と粒子の充填が煩雑という問題があった．そこで，微細加工技術を駆使することにより，粒子充填剤に見立てた無数の柱（ピラー）を規則正しく流路内に配列することで，流路と固定相を一括形成するカラムが提案された．ピラーの側面をＣ８やＣ１８で修飾すると，逆相カラムとして機能する．この手法では，充填カラムでいえば粒径や粒度分布だけでなく，粒子の形状や配置（充填パターン）を自在にかつ精密に設計することができる．このタイプのカラムは，He らによって初めて報告された（**図 5.25**(a)）[87]．その後，De Malsche らは隣り合うピラー（円柱）が正三角形の頂点となるよう配列したカラムを作製した（図5.25(b)）[88]．ピラーの直径を 4.2 µm としたとき，換算理論段高さは1以下となり，従来の粒子充填カラムの理想（換算理論段高2）よりも優れたカラムが得られた．また，空隙率はモノリスカラムと同等と見積もられている．しかし，流路の側壁とピラーの間の空間による試料バンドの拡

(a)

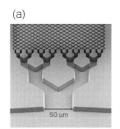

(b)

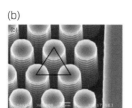

(c)

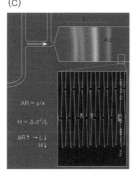

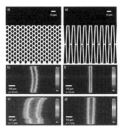

試料の注入直後と
その 1 cm 下流の
試料バンドの様子

図 5.25　ピラーアレイカラム

【出典】 (a) de Mello, A.: *Lab Chip*, 2, 48 N（2002）. (b) De Malsche, W. *et al.*: *Anal. Chem.*, 79, 5915（2007）. (c) Op De Beeck, J. *et al.*: *Anal. Chem.*, 85, 5207（2013）. 口絵４参照

散が確認された．最近，同様の手法により，流れと垂直方向に極度に引き伸ばした六角形状のピラー（Radially elongated pillars；REPs）を配列したカラム（幅 1 mm，長さ 1.25 cm）が提案されている（図 5.25(c)）[89]．ピラーのサイズは流れ方向に 5 µm，垂直方向に 75 µm となっており，ピラー間の距離は 2.5 µm となっている．クマリン C 440 を用いた評価において 0.5 µm と非常に小さい理論段高さが示されている．このカラムの速度論的解析からカラム縦軸方向の拡散の度合いが大きく減少することがカラム性能を飛躍的に向上させる理由と考えられている．

2 次元クロマトグラフィー

　プロテオーム解析のように多数のタンパク質やペプチドを分離する場合，1 次元では不十分である．通常，2 次元電気泳動が用いられるが，操作が煩雑で長時間を要し，疎水性タンパク質や酸性・塩基性タンパク質の分離には適していない．それを解決するため，オンライン化できる 2 次元クロマトグラフィーやクロマトグラフィー–キャピラリー電気泳動（CE）が検討されている．さらに，後続の質量分析のためのエレクトロスプレーイオン化（ESI）が効率よく

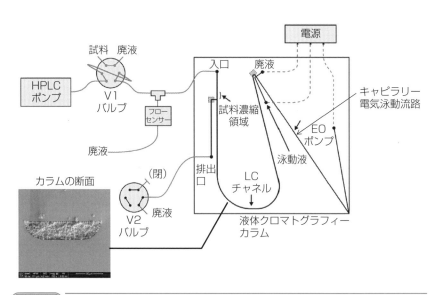

図 5.26　2 次元クロマトグラフィー（LC–CE）

【出典】Chambers, A. G. *et al.*：*Anal. Chem.*, 83, 842（2011）.

できることが期待できる．そのため，充填カラムとキャピラリー電気泳動用流路および ESI のインターフェースを集積したマイクロチップデバイスが報告されている（**図 5.26**）[90]．ここでは，充填カラムは幅 131 μm，深さ 33 μm，長さ 10 cm の流路に 3.5 μm 径の C 18 充填剤がスラリー法により詰められており，CE 用流路は幅 50 μm，深さ 8 μm，長さ 5 cm で，電気浸透流を逆転させるため内壁がポリアミン（PolyE-323）で修飾されている．カラムと泳動用流路は充填剤が流出しない程度の浅い流路（深さ 6 μm）で連結されている．このマイクロチップはウシ血清アルブミンおよび大腸菌 *E. coli* 抽出物のトリプシン消化物に応用され，1 次元クロマトグラフィーよりも優れた分解能が示されている．

5.2.6

検出器

　LC チップではこれまでに紫外可視吸光検出器，蛍光検出器，屈折率検出器，電気化学検出器がカラムなどの要素とともに集積されている．また，LC チップは，質量分析計との接続互換性が高いことから，エレクトロスプレーイオン化（ESI）用のノズルの搭載も活発に行われている．

紫外可視吸光検出器

　吸光検出器を搭載する場合，基板には紫外領域の吸収がない石英が採用される．光源には，重水素ランプや発光ダイオードが用いられ，受光部には CCD 分光器やフォトダイオードが用いられる．CCD 分光器を用いると，3 次元クロマトグラム（吸光度-波長-時間，吸収スペクトルの時間変化）を取得可能である．検出の典型的な構成は，光ファイバーと集光レンズで基板に施された流路に光軸が垂直になるようランプの光を導き，その真下に設置した対物レンズを通過した透過光を光ファーバーで CCD 分光器に導くものである[65]．235～350 nm の波長域で 6 種類の爆発性物質の 3 次元クロマトグラムが得られている（**図 5.27**）．検出対象が可視領域に吸収をもつ場合は，その領域で高い光透過性をもつポリマー（COP，アクリル，ポリスチレン，PDMS[48]）も使用できる．しかし，光軸が流路に垂直な構成では，光路長は流路深さ（10～100 μm）と同等で非常に短いため高い感度は期待できない．感度を向上させるには，流

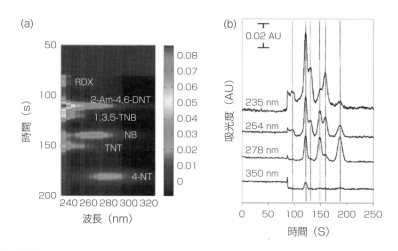

(a)

RDX
2-Am-4,6-DNT
1,3,5-TNB
NB
TNT
4-NT

波長（nm）

時間（s）

(b)

0.02 AU

235 nm
254 nm
278 nm
350 nm

吸光度（AU）

時間（S）

図5.27 CCD検出による2次元クロマトグラム（UV検出）

RDX：トリメチレントリニトロアミン，2-Am-4,6-DNT：2-アミノ-4,6-ジニトロトルエン，1.3.5-TNB：1,3,5-トリニトロベンゼン，NB：ニトロベンゼン，TNT：2,4,6-トリニトロベンゼン，4-NT：4-ニトロトルエン.
【出典】Borowsky, J. F. *et al.*：*Anal. Chem.*, 80, 8287（2008）.
口絵5参照

路の中心軸の一部を光軸（光路）とする工夫が必要であり，カラム直後の流路をZ字に屈曲させ，斜線部を光路とする手法が考案されている．

蛍光検出器

　蛍光検出では，カラム出口近傍の検出領域をレーザーで励起し，その蛍光を光電子増倍管または蛍光顕微鏡で検出する．この構成によれば，高感度な検出が可能である．ただ，単独で蛍光を示す物質が少ないため，蛍光色素による標識が必要となる場合が多い．蛍光顕微鏡を用いる場合は，CCDカメラを接続し，撮影した動画から時間（動画のフレーム）ごとに検出部の蛍光強度を抽出する画像処理が必要である[59]．蛍光検出の機材はやや大型であるが，2×3インチの蛍光検出器を用いて全体的な小型化を図ることも試みられている[52]．

　蛍光検出の一例として，AlとSiO$_2$の層からなる薬品耐性ミラーを内壁に設けた流路（幅80 μm，深さ56 μm）に光ファイバーを介して空冷アルゴンレーザー（488 nm，10 mW）と光電子増倍管を接続した場合，フルオレセインについて15 μM（135 fmol）という検出限界が得られている[83]．また，石英製流

路の 100 µm×70 µm の領域を小型窒化ガリウムレーザーダイオード（405 nm，5 mW）で励起し，流路の下から落斜型蛍光顕微鏡で測定した場合，ローダミン 560 について 0.7 µM（0.15 fmol）が検出されている[52]．

屈折率検出器

　通常の HPLC で用いられている示差屈折率検出器ではないが，溶液で満たされたスリット状回折格子での反射強度がその溶液の屈折率によって異なることを利用した検出器が考案されている[49]．合成着色料赤色 3 号について 170 µM（2.6 fmol）の検出限界を得られている．

電気化学検出器

　LC チップでの電気化学検出には，定電位印加のもと試料の酸化電流または還元電流を測定するアンペロメトリーおよび電気伝導度測定法が採用されている．アンペロメトリーは誘導体化なしで検出可能な物質が多く，感度は蛍光法に匹敵する．フェノール化合物，ビタミン A，ビタミン E，カテコールアミン，カテキン類などが直接検出され[47,50,51]，カテキンについては数百 nM という検出限界が得られている[86]．アンペロメトリー検出器の典型的な構成は，流路の底面に帯状の金属薄膜電極を設置したものである．流路と電極はいずれも標準的な微細加工技術で作製でき，作用電極および対電極には白金や金が使用される．参照電極には一般に銀/塩化銀電極が使用されるが，疑似参照電極として作用電極と同じ素材を用いることもできる．その場合，参照電極は作用電極と対電極の間に設置される．また，従来の参照電極をチップ外の廃液溜めに設置することもできる[91]．各電極はアンペロメトリー測定器（ポテンショスタット）に接続する．測定器はコンパクトタイプが市販されているため，LC システム全体を小型化しやすい[86]．

　アンペロメトリーでは，測定を継続すると電極に電気分解生成物が付着し，数回程度の測定で電極活性が急激に低下することがあるため，アルミナ微粒子による電極の研磨が必要になる．そのために，脱着可能な PDMS 流路を利用するなど[86]，検出部の分解を容易にする工夫が必要である．電極の再生には高電位を印加して生成物を完全に分解する手法もあるが，薄膜電極の場合損傷することがある．

　電気伝導度検出器はイオンを非選択的に検出できるため汎用性が高いが，

LCチップでの利用例はかなり少ない．LCチップでの検出には一組の平行電極に交流電圧を印加し，その電流と電圧の関係から電導度を求める2電極法が採用されている．この検出器は構成が簡単で標準的な微細加工技術で作製できる．ホウケイ酸ガラス基板にリフトオフ法で白金薄膜電極を作製し，流路を設けたシリコン基板と接合した検出器が提案されている[41,92]．このほか電極が液に接触せず流路の外側に設置された非接触電気伝導度検出器が市販されており，LCチップで利用可能である．

質量分析計

液体クロマトグラフィー装置と質量分析計の接続には，分析種のイオン化や脱溶媒を行うインターフェースが必要である．イオン化を効率的に行うための

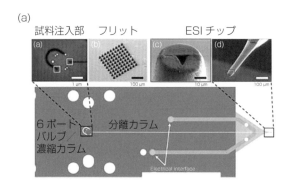

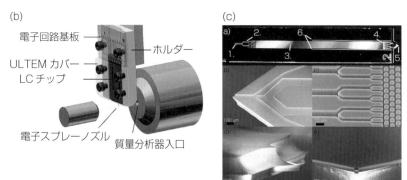

図 5.28 ESIノズルを備えた液体クロマトグラフィーチップ

【出典】(a) Ehlert, S. *et al.*: *J. Mass Spectrom.*, 45, 313 (2010). (b) Xie, J. *et al.*: *Anal. Chem.*, 77, 6947 (2005). (c) Sainiemi, L. *et al.*: *Lab Chip*, 12, 325 (2012).

望ましい流量（数百 nL/min）がLCチップの移動相流量と合致しているた
め，LCチップは質量分析計と互換性が良い．また，質量分析計が物質から多
くの情報を引き出せることから，LCチップへのインターフェースの搭載が多
く検討され，タンパク質やペプチドの分析において評価されている[93]．LC
チップに搭載された最も簡単な構成のインターフェースはチップのカラム出口
と直結するように溶融シリカキャピラリー（内径20 μm，長さ10 mm）を挿
入して接着剤で固定したものであるが[54]，ポリイミドフィルムをレーザーアブ
レーションによりカットして，鋭角のノズルと流路を形成し，ノズル先端に金
電極をパターニングしたチップも作製されている（**図 5. 28**(a)）[57,94]．このチッ
プは市販され，研究に利用されている[95]．このほか，微細加工技術を駆使する
ことでノズルが突き出た構造のチップも作製されている（図5.28(b,
c)）[56,96]．

文献

1) Terry, S. C., Jerman, J. H., Angell, J. B. : *IEEE Trans. Electron Devices*, **26**, 1880
（1979）.

2) Malainou, A., Vlachopoulou, M. E., Triantafyllopoulou, R., Tserepi, A., Chatzandroulis,
S. : *J. Micromechanics Microengineering*, **18**, 105007 （2008）.

3) Noh, H. S., Hesketh, P. J., Frye-Mason, G. C. : *J. Microelectromechanical Syst.*, **11**,
718 （2002）.

4) Bhushan, A., Yemane, D., Trudell, D., Overton, E. B., Goettert, J. : *Microsyst. Technol.*,
13, 361 （2006）.

5) Bhushan, A., Yemane, D., Overton, E. B., Goettert, J., Murphy, M. C. : *J.
Microelectromechanical Syst.*, **16**, 383 （2007）.

6) Lehmann, U., Krusemark, O., Müller, J., Vogel, A., Binz, D. : In *Micro Total Analysis
Systems 2000*, pp.167-170, Springer Netherlands, Dordrecht, （2000）.

7) Dziuban, J. A., Mróz, J., Szczygielska, M., Małachowski, M., Górecka-Drzazga, A.,
Walczak, R., Buła, W., Zalewski, D., Nieradko, Ł., Łysko, J., Koszur, J., Kowalski,
P. : *Sensors Actuators A Phys.*, **115**, 318 （2004）.

8) Nachef, K., Bourouina, T., Marty, F., Danaie, K., Bourlon, B., Donzier, E. : *J.
Microelectromechanical Syst.*, **19**, 973 （2010）.

9) Nachef, K., Marty, F., Donzier, E., Bourlon, B., Danaie, K., Bourouina, T. : *J.*

Microelectromechanical Syst., **21**, 730 (2012).

10) Koziel, J., Jia, M., Pawliszyn, J.: *Anal. Chem.*, **72**, 5178 (2000).

11) Kim, M., Mitra, S.: *J. Chromatogr. A*, **996**, 1 (2003).

12) Lu, C.-J., Steinecker, W. H., Tian, W.-C., Oborny, M. C., Nichols, J. M., Agah, M., Potkay, J. A., Chan, H. K. L., Driscoll, J., Sacks, R. D., Wise, K. D., Pang, S. W., Zellers, E. T.: *Lab Chip*, **5**, 1123 (2005).

13) Wong, M.-Y., Cheng, W.-R., Liu, M.-H., Tian, W.-C., Lu, C.-J.: *Talanta*, **101**, 307 (2012).

14) Seo, J. H., Kim, S. K., Zellers, E. T., Kurabayashi, K.: *Lab Chip*, **12**, 717 (2012).

15) Reidy, S., Lambertus, G., Reece, J., Sacks, R.: *Anal. Chem.*, **78**, 2623 (2006).

16) Serrano, G., Reidy, S. M., Zellers, E. T.: *Sens. Actuators B Chem.*, **141**, 217 (2009).

17) Chen, B.-X., Hung, T.-Y., Jian, R.-S., Lu, C.-J.: *Lab Chip*, **13**, 1333 (2013).

18) Gaddes, D., Westland, J., Dorman, F. L., Tadigadapa, S.: *J. Chromatogr. A*, **1349**, 96 (2014).

19) Radadia, A. D., Salehi-Khojin, A., Masel, R. I., Shannon, M. A.: *Sens. Actuators B Chem.*, **150**, 456 (2010).

20) Zampolli, S., Elmi, I., Stürmann, J., Nicoletti, S., Dori, L., Cardinali, G. C.: *Sens. Actuators B Chem.*, **105**, 400 (2005).

21) Sklorz, A., Janßen, S., Lang, W.: *Sens. Actuators B Chem.*, **180**, 43 (2012).

22) Frye-Mason, G., Kottenstette, R., Mowry, C., Morgan, C., Manginell, R., Lewis, P., Matzke, C., Dulleck, G., Anderson, L., Adkins, D.: In *Micro Total Analysis Systems 2001* (Ramsey, J. M., van den Berg, A., eds.), pp. 658-660, Springer Netherlands, Dordrecht (2001).

23) Zampolli, S., Elmi, I., Mancarella, F., Betti, P., Dalcanale, E., Cardinali, G. C., Severi, M.: *Sens. Actuators B Chem.*, **141**, 322 (2009).

24) Yamamoto, Y., Akao, S., Sakuma, M., Kobari, K., Noguchi, K., Nakaso, N., Tsuji, T., Yamanaka, K.: *Jpn. J. Appl. Phys.*, **48**, 5 (2009).

25) Ali, S., Ashraf-Khorassani, M., Taylor, L. T., Agah, M.: *Sens. Actuators B Chem.*, **141**, 309 (2009).

26) Li, Y., Du, X., Wang, Y., Tai, H., Qiu, D., Lin, Q., Jiang, Y.: *RSC Adv.*, **4**, 3742 (2014).

27) Kim, S. K., Chang, H., Zellers, E. T.: *Anal. Chem.*, **83**, 7198 (2011).

28) Lee, C.-Y., Liu, C.-C., Chen, S.-C., Chiang, C.-M., Su, Y.-H., Kuo, W.-C.: *Microsyst. Technol.*, **17**, 523 (2011).

29) Serrano, G., Paul, D., Kim, S.-J., Kurabayashi, K., Zellers, E. T.: *Anal. Chem.*, **84**, 6973 (2012).

30) Collin, W. R., Bondy, A., Paul, D., Kurabayashi, K., Zellers, E. T.: *Anal. Chem.*, **87**,

1630 (2015).

31) Liu, J., Seo, J. H., Li, Y., Chen, D., Kurabayashi, K., Fan, X.: *Lab Chip*, **13**, 818 (2013).

32) Kaanta, B. C., Chen, H., Lambertus, G., Steinecker, W. H., Zhdaneev, O., Zhang, X.: In *2009 IEEE 22 nd International Conference on Micro Electro Mechanical Systems*; *IEEE*, pp.264–267 (2009).

33) Narayanan, S., Alfeeli, B., Agah, M.: *Procedia Eng.*, **5**, 29 (2010).

34) Narayanan, S., Alfeeli, B., Agah, M.: *IEEE Sens. J.*, **12**, 1893 (2012).

35) Zimmermann, S., Wischhusen, S., Müller, J.: *Sensors Actuators, B Chem.*, **63**, 159 (2000).

36) Kuipers, W., Müller, J.: *Talanta*, **82**, 1674 (2010).

37) Kuipers, W., Müller, J.: *J. Chromatogr. A*, **1218**, 1891 (2011).

38) Lorenzelli, L., Benvenuto, A., Adami, A., Guarnieri, V., Margesin, B., Mulloni, V., Vincenzi, D.: *Biosens. Bioelectron.*, **20**, 1968 (2005).

39) Narayanan, S., Rice, G., Agah, M.: *Microchim. Acta*, **181**, 493 (2014).

40) Akbar, M., Shakeel, H., Agah, M.: *Lab Chip*, **15**, 1748 (2015).

41) Manz, A., Miyahara, Y., Miura, J., Watanabe, Y., Miyagi, H., Sato, K.: *Sens. Actuators B. Chem.*, **1**, 249 (1990).

42) Ericson, C., Holm, J., Ericson, T., Hjertén, S.: *Anal. Chem.*, **72**, 81 (2000).

43) Benvenuto, A., Lorenzelli, L., Collini, C., Guarnieri, V., Adami, A., Morganti, E.: *Microsyst. Technol.*, **14**, 551 (2008).

44) Ishida, A., Natsume, M., Kamidate, T.: *J. Chromatogr. A*, **1213**, 209 (2008).

45) Liu, J., Ro, K. W., Nayak, R., Knapp, D. R.: *Int. J. Mass Spectrom.*, **259**, 65 (2007).

46) Sainiemi, L., Nissilä, T., Kostiainen, R., Franssila, S., Ketola, R. A.: *Lab Chip*, **12**, 325 (2012).

47) Cowen, S., Craston, D. H.: In *Micro Total Analysis Systems* (Berg, A. Van den, Bergveld, P. eds.), pp. 295–298 Springer Netherlands, Dordrecht, (1995).

48) Vahey, P., Park, S. H., Marquardt, B. J., Xia, Y., Burgess, L. W., Synovec, R. E.: *Talanta*, **51**, 1205 (2000).

49) Vahey, P. G., Smith, S. A., Costin, C. D., Xia, Y., Brodsky, A., Burgess, L. W., Synovec, R. E.: *Anal. Chem.*, **74**, 177 (2002).

50) McEnery, M., Tan, A., Glennon, J. D., Alderman, J., Patterson, J., O'Mathuna, S. C.: *Analyst*, **125**, 25 (2000).

51) Schlund, M., Gilbert, S. E., Schnydrig, S., Renaud, P.: *Sens. Actuators B Chem.*, **123**, 1133 (2007).

52) Reichmuth, D. S., Shepodd, T. J., Kirby, B. J.: *Anal. Chem.*, **77**, 2997 (2005).

53) Ehlert, S., Kraiczek, K., Mora, J.-A., Dittmann, M., Rozing, G. P., Tallarek, U.: *Anal.*

Chem., **80**, 5945 (2008).

54) Lazar, I. M., Trisiripisal, P., Sarvaiya, H. A.: *Anal. Chem.*, **78**, 5513 (2006).

55) Borowsky, J. F., Giordano, B. C., Lu, Q., Terray, A., Collins, G. E.: *Anal. Chem.*, **80**, 8287 (2008).

56) Xie, J., Miao, Y., Shih, J., Tai, Y.-C., Lee, T. D.: *Anal. Chem.*, **77**, 6947 (2005).

57) Yin, H., Killeen, K., Brennen, R., Sobek, D., Werlich, M., Van De Goor, T.: *Anal. Chem.*, **77**, 527 (2005).

58) Ro, K. W., Liu, J., Knapp, D. R.: *J. Chromatogr. A*, **1111**, 40 (2006).

59) Liu, J., Chen, C.-F., Tsao, C.-W., Chang, C.-C., Chu, C.-C., DeVoe, D. L.: *Anal. Chem.*, **81**, 2545 (2009).

60) 伊藤正人, 加地弘典: *Chromatography*, **32**, 9 (2011).

61) Chmela, E., Blom, M. T., Gardeniers, (Han) J. G. E., van den Berg, A., Tijssen, R.: *Lab Chip*, **2**, 235 (2002).

62) Xie, J., Miao, Y., Shih, J., He, Q., Liu, J., Tai, Y. C., Lee, T. D.: *Anal. Chem.*, **76**, 3756 (2004).

63) Fuentes, H. V., Woolley, A. T.: *Lab Chip*, **7**, 1524 (2007).

64) Wang, W., Gu, C., Lynch, K. B., Lu, J. J., Zhang, Z., Pu, Q., Liu, S.: *Anal. Chem.*, **86**, 1958 (2014).

65) Borowsky, J., Lu, Q., Collins, G. E.: *Sens. Actuators B Chem.*, **131**, 333 (2008).

66) Ishida, A., Fujii, M., Fujimoto, T., Sasaki, S., Yanagisawa, I., Tani, H., Tokeshi, M.: *Anal. Sci.*, **31**, 1163 (2015).

67) Penrose, A., Myers, P., Bartle, K., McCrossen, S.: *Analyst*, **129**, 704 (2004).

68) Mirnova, A. S., Himizu, H. S., Awatari, K. M., Itamori, T. K.: *Anal. Sci.*, **31**, 1201 (2015).

69) Grinias, J., Kennedy, R.: *Chromatography*, **2**, 502 (2015).

70) 北川文彦, 大塚浩二: 分析化学実技シリーズ機器分析編 11　電気泳動分析（日本分析化学会 編, pp. 154-157, 共立出版 (2010).

71) Ishida, A., Yoshikawa, T., Natsume, M., Kamidate, T.: *J. Chromatogr. A*, **1132**, 90 (2006).

72) Op De Beeck, J., Callewaert, M., Ottevaere, H., Gardeniers, H., Desmet, G., De Malsche, W.: *J. Chromatogr. A*, **1367**, 118 (2014).

73) Eghbali, H., de Malsche, W., Clicq, D., Gardeniers, H., Desmet, G.: *LC-GC Eur.*, **20**, 208 (2007).

74) Vangelooven, J., De Malsche, W., De Beeck, J. O., Eghbali, H., Gardeniers, H., Desmet, G.: *Lab Chip*, **10**, 349 (2010).

75) Thurmann, S., Dittmar, A., Belder, D.: *J. Chromatogr. A*, **1340**, 59 (2014).

76) Kato, M., Inaba, M., Tsukahara, T., Mawatari, K., Hibara, A., Kitamori, T. : *Anal. Chem.*, **82**, 543 (2010).

77) Ishibashi, R., Mawatari, K., Takahashi, K., Kitamori, T. : *J. Chromatogr. A*, **1228**, 51 (2012).

78) 宇山浩：高分子論文集, **67**, 489 (2010).

79) 植村知也, 小島徳久, 植木悠二：分析化学, **57**, 517 (2008).

80) Nwosu, C. C., Aldredge, D. L., Lee, H., Lerno, L. A, Zivkovic, A. M., German, J. B., Lebrilla, C. B. : *J. Proteome Res.*, **11**, 2912 (2012).

81) 宮崎将太, 太田茂徳, 森里恵, 中西和樹, 大平真義, 田中信男：*Chromatography*, **32**, 87 (2011).

82) 木村宏, 池上亨, 田中信男：ぶんせき, **10**, 576 (2004).

83) Ocvirk, G., Verpoorte, E., Manz, A., Grasserbauer, M., Widmer, H. M.,: *Anal. Methods Instrum.*, **2**, 74 (1995).

84) Ehlert, S., Trojer, L., Vollmer, M., van de Goor, T., Tallarek, U. : *J. Mass Spectrom.*, **45**, 313 (2010).

85) Ceriotti, L., De Rooij, N. F., Verpoorte, E. : *Anal. Chem.*, **74**, 639 (2002).

86) Ishida, A., Natsume, M., Kamidate, T. : *J. Chromatogr. A*, **1213**, 209 (2008).

87) He, B., Tait, N., Regnier, F. : *Anal. Chem.*, **70**, 3790 (1998).

88) De Malsche, W., Eghbali, H., Clicq, D., Vangelooven, J., Gardeniers, H., Desmet, G. : *Anal. Chem.*, **79**, 5915 (2007).

89) Op De Beeck, J., Callewaert, M., Ottevaere, H., Gardeniers, H., Desmet, G., De Malsche, W. : *Anal. Chem.*, **85**, 5207 (2013).

90) Chambers, A. G., Mellors, J. S., Henley, W. H., Ramsey, J. M. : *Anal. Chem.*, **83**, 842 (2011).

91) Murrihy, J. P., Breadmore, M. C., Tan, A., McEnery, M., Alderman, J., O'Mathuna, C., O'Neill, A. P., O'Brien, P., Advoldvic, N., Haddad, P. R., Glennon, J. D.: *J. Chromatogr. A*, **924**, 233 (2001).

92) McEnery, M. M., Glennon, J. D., Alderman, J., O'Mathuna, S. C.: *Biomed. Chromatogr.*, **14**, 44 (2000).

93) Lee, J., Soper, S. A., Murray, K. K. : *J. Mass Spectrom.*, **44**, 579 (2009).

94) Fortier, M.-H., Bonneil, E., Goodley, P., Thibault, P. : *Anal. Chem.*, **77**, 1631 (2005).

95) Callipo, L., Foglia, P., Gubbiotti, R., Samperi, R., Lagana, A. : *Anal. Bioanal. Chem.*, **394**, 811 (2009).

96) Sainiemi, L., Nissilä, T., Kostiainen, R., Franssila, S., Ketola, R. A. : *Lab Chip*, **12**, 325 (2012).

Chapter 6

最近の話題

　本章では，近年注目を集めているマイクロ流体分析の例として，生体模倣デバイス，デジタルマイクロフルイディクス，紙を部材とした分析・診断チップ（紙チップ）を紹介する.

　生体模倣デバイスとしては，創薬や毒性試験におけるバイオアッセイに用いるための肺や腸管，肝臓などの臓器模倣デバイスと，それらを組み合わせた人体模倣デバイスを紹介する．デジタルマイクロフルイディクスは液体の連続流の代わりに液滴を操作することで化学操作を行うものであり，その原理と実例を紹介する．紙チップは流路に液体を流す代わりに紙に液体をしみこませながら分析を行うものであり，その作製方法と応用例を紹介する.

6.1

生体模倣デバイス

6.1.1

臓器模倣デバイス

　近年，臓器など生体の機能を集積化したマイクロ流体デバイスの研究が世界的に注目されている．これは Organ-on-a-chip と呼ばれ，マイクロデバイス内に臓器に由来する細胞を培養することにより，臓器の機能を模倣することを目指したものであり，医薬品候補物質の薬効のバイオアッセイや，様々な化学物質の臓器に対する安全性試験などの目的で利用することを目指している．

　平面培養された培養細胞の単純な応答をみるなど，簡単な細胞実験を行うだけであればマイクロデバイスを用いずに，従来の器具を用いてバイオアッセイすることが可能であるが，筋肉や肺のように収縮が起こる環境，血管のように血流による剪断応力がかかる環境，肝小葉や腎小体など特殊な三次元構造が機能発現に大きく関わる系などでは，これを再現できるマイクロ流体デバイスの利用が極めて効果的である．以下にいくつかの例を挙げる．

(a) 肺モデル

　肺の微小構成単位である肺胞は，肺胞腔を肺胞上皮細胞が取り囲む構造をしており，酸素はこの肺胞上皮細胞と血管内皮細胞を通過するかたちで毛細血管へとガス交換される．肺胞は呼吸に合わせて収縮膨張を繰り返すため，肺モデルを作製するためには，伸縮する多孔質薄膜の上面に肺胞上皮細胞を，下面に血管内皮細胞を培養する必要がある．そこで考案されたのが**図 6.1** に示すような構造のマイクロデバイスである．伸縮性のある多孔質 PDMS 薄膜上に細胞を培養し，両側にある制御用流路を周期的に減圧することで，薄膜を周期的に延ばすことが可能となる[1]．

（b）腸管モデル

　経口摂取された物質は小腸上皮細胞によって輸送されて体内に取り込まれるのが主要な吸収経路である．薬剤等の体内への取り込まれやすさを調べるためにはこの系を模倣したデバイスを作製する必要がある．**図6.2**にマイクロ腸管デバイスの一例を挙げる．平行に接する2本の流路を完全に隔てるように多孔質薄膜を配し，この膜を完全におおうように小腸上皮のモデル細胞を培養する．適切に培養すると細胞は流路に面している方が腸管側，多孔質膜に接している方が毛細血管側になるように分化するため，腸管側流路に添加した物質は選択的に血管側流路へと取り込まれる[2]．

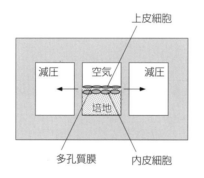

図 6.1　　肺モデルデバイスの横断面模式図

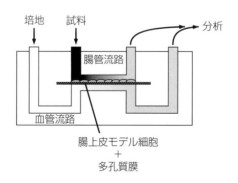

図 6.2　　小腸モデルデバイスの断面模式図

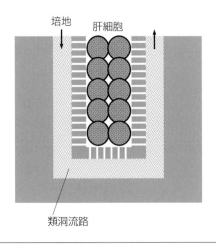

培地　肝細胞

類洞流路

図6.3 肝臓モデルデバイスの模式図

(c) 肝臓モデル

　肝臓の主要細胞である肝細胞は規則正しく並んで肝細胞索を形成し，接する類洞（洞様毛細血管）と物質のやりとりをし，反対側で接する毛細胆管へと胆汁を分泌する．この肝臓の構成単位を模倣したデバイスの例を**図6.3**に示す．類洞流路と細胞培養部が多数の微細流路でつながった構造で，類洞流路に培地を満たし，細胞培養部で初代肝細胞を培養する構造になっている[3]．

6.1.2
人体模倣デバイス

　最近，前述の臓器模倣デバイスを複数組み合わせた，さらに複雑なマイクロシステムの開発が進められている．関連する複数の臓器の機能を集積化したOrgans-on-a-chipや薬物動態の主役となるすべての臓器を集積化したHuman-on-a-chip（ヒト以外の動物も含める場合はBody-on-a-chip）は単一の臓器だけでは調べることができない，複数の臓器間の相互作用による生理現象の解明やバイオアッセイなどへの応用が期待されている．

　こういった人体模倣デバイスはMicrophysiological　systemとも呼ばれ，薬物動態の解析に特に有効であると考えられる．経口摂取した薬は，胃や腸管内

で消化作用を受けたのち，腸上皮から体内に吸収され，肝臓で代謝されながら体内を循環しつつ全身に分布する．そして様々な組織中で薬理作用を示しつつ腎臓などから排泄されていく．この一連の過程は医薬品研究はもちろん，機能性食品研究や毒性試験においても重要なプロセスである（**図6.4**）．

　これらの過程について研究を行う場合，単一の培養細胞を用いた基礎的実験をいくつか行った後，動物実験を経てヒトでの臨床研究に進むのが一般的である．しかしながら昨今強まっている動物実験削減の社会的要請や高いコスト，ヒトと実験動物の種差などの問題があり，必ずしも動物実験を多用できる状況にあるとはいえない．したがって，動物実験の前に培養細胞レベルでの試験によって，優れた物質を効率よくスクリーニングすることが大切である．そこで，各種臓器の機能を集積化して，血管に見立てた流路で結んだ人体模倣デバイスを開発し，これを用いることにより1回の試験で薬物動態のすべてのプロセスを考慮に入れた生理活性の測定を実現できれば，動物実験の代替法として極めて有用であるだろう．

　これまでのところ，すべてのプロセスを網羅したシステムは開発されておらず，3つ程度のプロセスを組み合わせたものが報告されている．**図6.5**に胃や十二指腸での消化，小腸からの吸収，肝臓での代謝，薬剤の標的組織としての

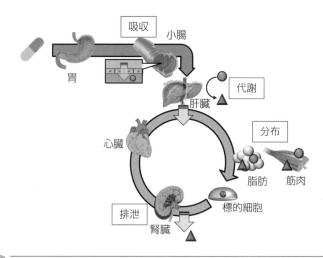

図6.4	経口投与された薬の体内動態

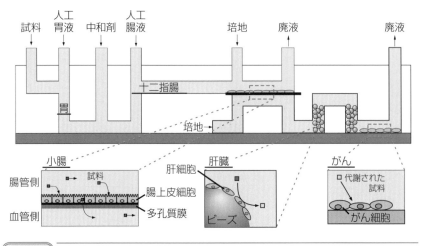

試料　人工胃液　中和剤　人工腸液　　　　培地　　廃液　　　　　　　　廃液

十二指腸

胃

培地

小腸　　　　　　　　　　　　　　肝細胞　　肝臓　　　　　　がん

腸管側　　　　試料　　　　　　　　　　　　　　　　　　　　　□ 代謝された
　　　　　　　　　　　　　　　　　　　　　　　　　　　　　　　試料
　　　　　　　　　腸上皮細胞
血管側　　　　　　　多孔質膜　　　ビーズ　　　　　　　がん細胞

図 6.5 　胃，十二指腸，小腸，肝臓，がん組織複合マイクロデバイスの断面模式図

がん細胞を組み合わせたデバイスの模式図を示す．このデバイスでは経口投与された抗がん剤が消化液で分解されず，小腸から吸収され，肝臓で代謝されず，正しく薬効を示すか判定することが可能となる[4]．

6.1.3

今後の展望

これまでに開発されてきたマイクロ臓器の多くは，ヒト由来の株化細胞を用いて構築されてきたが，実際の人体と同様の応答を得るためには，分化状態の低い株化細胞ではなく，ヒト由来正常初代細胞を分化状態を保ったまま培養することが求められている．しかし，ヒト正常細胞は極めて高価であり，安定的に入手することが難しいうえ，長期にわたって分化状態を維持させる培養方法が見つかっていない細胞も多い．したがって，実用的なマイクロデバイスの実現には，デバイスの設計だけでなく，優れた細胞の入手と培養法の確立が欠かせない．将来的には iPS 細胞や ES 細胞から増殖・分化させた組織を利用することにより，より多くの臓器を集積化させた，よりヒトでの応答に近い結果を示すマイクロ人体モデルを構築することができると期待される．最近の生体模倣デバイス研究については以下の論文が参考となるだろう[5-7]．

Chapter 1

Chapter 2

Chapter 3

Chapter 4

Chapter 5

Chapter **6**

6.2

デジタルマイクロフルイディクス

　通常のマイクロ流体デバイスは，溝（凹）構造が加工された基板と平板を接合して流体の流れる管構造（流路）を作製する（Chapter 2 参照）．それに対して，電極をアレイ化した平面基板上に疎水性の誘電体膜を成膜して，エレクトロウェッティング（電気濡れ効果）（EWOD：Electrowetting on dielectric）を利用して液滴を操作するデジタルマイクロフルイディクスと呼ばれる技術が提案されている[8]．エレクトロウェッティングとは，疎水性誘電膜が成膜された電極と，その上に置かれた液滴との間に電圧を加えると，液滴の接触角（濡れ性）が変化する現象のことである（**図6.6**(a)）．電圧を印加する電極を順次移動することで，液滴の輸送が可能となる（図6.6(b)）．複数の液滴を独立にハンドリングすることができるので，ポンプやバルブを使わずに複雑な化学プロセスを行うことができる．

　Wheeler らは，デジタルマイクロフルイディクスによる乳がん診断のための

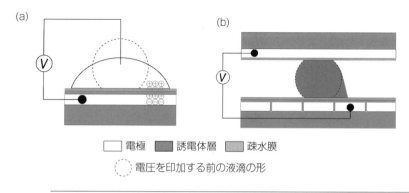

□ 電極　■ 誘電体層　■ 疎水膜
◯ 電圧を印加する前の液滴の形

| **図6.6** | (a) エレクトロウェッティング（EWOD）の原理，(b) EWOD を利用した液滴操作の模式図 |

前処理デバイスを報告した[9]．乳がんの発症のリスク評価や乳がん治療のモニタリングに，乳房組織中のエストロゲン（乳がん細胞の増殖を促進する女性ホルモン）の測定は有効である．しかし，従来の検査法は，多量の生検試料（乳房組織）を採取しなければならず，患者の負担が大きく，費用がかかるため，定期的な測定には使われていなかった．**図6.7**(a) に示したデバイスを用いることで，微量な生検試料を迅速かつ簡便に検査することができる．デバイスの所定の位置に，生検試料である乳房組織（組織溶解液1 μL：従来の検査法では1～4 mL必要）と細胞破砕液をセットする．細胞破砕液を生検試料がセットされている位置まで移動して，細胞破砕液を生検試料に接触させて細胞を完全に破砕する．そのまま1分程度室温で放置して乾燥させる．次に1～2 μLの極性抽出液（メタノール）を所定の位置にセットし，極性抽出液（200 nL）を細胞内容物が乾燥している位置に移動させ，エストロゲンを抽出する．その後に極性抽出液を非極性抽出液（イソオクタン）のプールに移動させ，プールの中で回転（20秒程度）させることで不必要な抽出物をイソオクタンに逆抽出する．最後に極性抽出液を試料捕集パッドに移動させる．最初にセットした極性抽出液がなくなるまで，これらの操作を繰り返す（図6.7(b)）．この前処理操作の後に，質量分析装置でエストロゲンの測定を行う．このデバイスによる前処理操作の時間は，10～20分であるのに対して，従来法では，同じ操作に5～6時間かかる．このデバイスを用いることで，試料量を大幅に減らすことができることだけでなく，前処理時間を大幅に短縮することができる．乳がん患者の実検体による評価試験においても良好な結果を得ている．この前処理技術は，他のホルモン感受性の高いがん（子宮内膜がんや前立腺がん）にも応用可能である．さらに，生検試料のみならず，血液や血清にも適応可能であり，幅広い応用が期待される．

　Fanらは，2枚の疎水性誘電膜が成膜された電極付き基板で，誘電膜が成膜されたもう1枚の基板を挟み込んだ構成のデバイスを作製した（**図6.8**）[10]．真ん中の基板には，貫通孔が加工されており，上下の電極で独立に液滴を移動させて，貫通孔で上下の液滴を接触させることができる．塩化カリウム（KCl）水溶液の液滴を脂質（ジフィタノイルフォスファチジルコリン：DPhC）を含むデカン溶液でコートした液滴（二重液滴[11]）を接触させると，貫通孔の

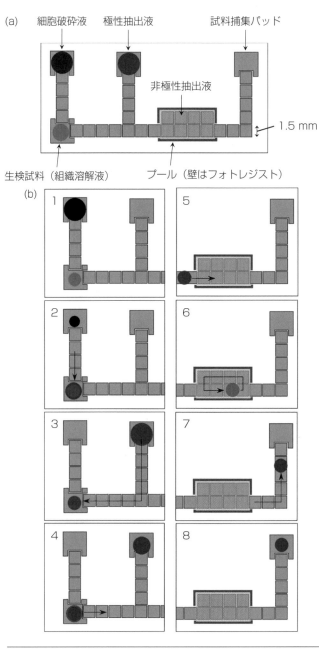

(a) 細胞破砕液　　極性抽出液　　　　　　試料捕集パッド

非極性抽出液

1.5 mm

生検試料（組織溶解液）　　　プール（壁はフォトレジスト）

(b)
1
2
3
4
5
6
7
8

| 図 6.7 | （a）デジタルマイクロフルイディクスによるエストロゲン検査デバイスの模式図，（b）エストロゲン検査デバイスの操作手順. |

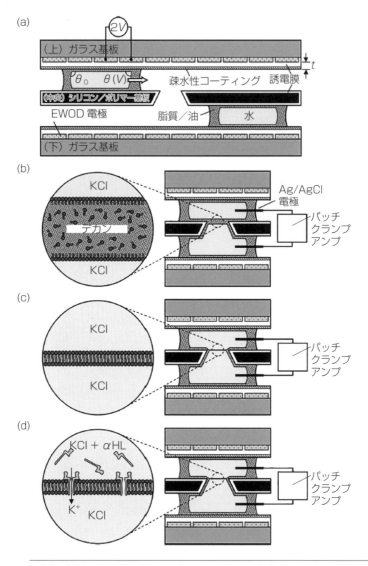

(a) デジタルマイクロフルイディクスを利用した脂質二重膜の形成を可能にするデバイスの概略，(b)〜(d) 脂質二重膜中にナノポアが形成される様子.

図6.8

【出典】Fan. S.-K. *et al.*: *Biomicrofluidics*, 8, 052006（2014）

エッジの液滴接触面に脂質二重膜が形成される．膜貫通型のナノポアを形成する α-ヘモリシンを KCl 水溶液に加えた場合は，脂質二重膜にナノポアが形成

され，イオンチャネルの電気生理学的性質を計測するパッチクランプ実験が可能になる．このデバイスは，脂質組成と膜タンパク質を任意に選択することができるので，膜タンパク質の基礎的な研究だけでなく，創薬などへの応用も期待される．

6.3 Microfluidic-Paper-Based-Analytical-Devices

6.3.1
概要

　近年，マイクロ化学分析分野において，紙を部材とした分析・診断チップ（紙チップ）が大きな注目を集めている[12,13]．紙チップは，英語では，Microfluidic-Paper-Based-Analytical-Devices（μPADs）と表現されている．マイクロ流体デバイスの部材として一般的に用いられるガラスやプラスチックと比較して，紙は安価な材料であり，いくつかの試験紙は我々の生活で広く利用されている（リトマス試験紙，妊娠検査薬，尿検査薬など）．研究分野においては，さまざまな種類の紙チップが開発されており，生体分子の分析に応用されている．

　紙チップの利点は，作製コストが安価なことに加えて，シリンジポンプなどの外部装置が不要な点である．従来のマイクロ流体デバイスは，試薬の送液にシリンジポンプを用いる．しかし，紙チップは部材である，ろ紙自身の毛管力や吸水力によって試薬の送液が可能である．また，あらかじめチップの測定部位に測定物質と反応する発色試薬や蛍光試薬を固定化させておけば，測定物質が測定部位に到達した時に発色や蛍光を示す．この発色や蛍光の程度を市販されているデジタルカメラやモバイル端末に付属しているカメラを用いて撮影し，それを画像解析することによって定量分析を行う[12]．解析したデータは，

モバイル端末によって分析センターに送信できるため，遠隔医療が可能となる．そのため，紙チップは煩雑な分析操作は不要であり，非専門家であっても簡便に精度良く定量分析できる測定デバイスとして期待されている．作製コストが安価な紙チップとデジタルカメラによる検出，および，画像解析処理による定量分析は，開発途上国やへき地などの医療資源（医療設備，分析装置，医療従事者など）が限られている地域において，極めて有用な診断技術になる可能性が高い．また，紙チップは医療分野だけではなく，食品検査や環境分析への応用も期待され，低コストの分析技術の開発は，我々の日常的な生活にも多くの利益をもたらす．

　近年では，紙チップの臨床診断などへの応用と実用化のために，分析精度の向上や高感度化と画像解析による定量分析法の開発（画像解析ソフトの開発など）が世界中で進められている．近年では，多様なチップ作製方法や応用例が報告されており，包括的な総説論文も出版されている[14-17]．本章では，これまでに報告された紙チップの作製法の中から基本的な作製法について述べた後に，紙チップによる分析例を紹介する．

6.3.2
紙チップの作製法

　これまでに開発されたほとんどの紙チップは，ろ紙を用いて作製されている．ろ紙はセルロース繊維が網目状に絡み合って構成されており，ろ紙の種類によって吸水性能などが異なる．紙チップの作製方法は，フォトリソグラフィー[18]，ワックスプリンティングなどの印刷技術を利用した方法[19,20]やCO_2レーザーなどの加工技術を利用した方法[21,22]，化学修飾[23,24]を利用した方法など，様々な作製方法が報告されている．

　まず，印刷技術を用いた紙チップ作製方法について述べる．フォトリソグラフィーなどによって，疎水性領域をろ紙上に印刷（パターニング）する．パターニングされた疎水性領域は，マイクロ流体デバイスの流路壁に相当し，試料溶液は親水性領域を流れて，検出領域で抗原–抗体反応などによって測定される．

　フォトリソグラフィーによる紙チップの作製は，Harvard 大学の George M.

Whitesides らの研究グループが，世界で最初に報告した方法である．2007 年に本法が報告されて以降，多くの研究者が様々なデバイス作製方法を開発したが，未だに多くの研究グループが本法によって紙チップを作製している．**図 6.9** にフォトリソグラフィーによる紙チップの作製法を示す．また，デバイス作製手順の概略を以下に示す．

①フォトレジストの塗布
ろ紙をフォトレジストに浸す．通常，フォトレジストには，SU-8 が用いられる．
②プリベーク
ろ紙をベークして，フォトレジストの溶媒を除去する．
③露光
流路パターンが形成されているフォトマスクを用いて，紫外線露光を行う．

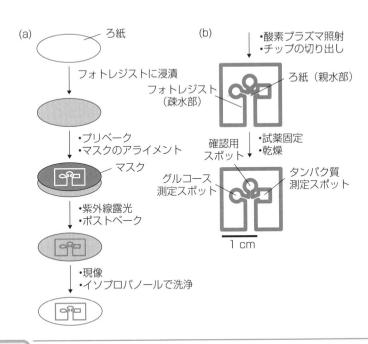

図 6.9 フォトリソグラフィーによる紙チップの作製法

【出典】Martinez, A. W. *et al.*: *Angew. Chem. Int. Ed.*, 46, 4683（2007）.

④ポストベーク

フォトレジストを十分に架橋させるために，所定の時間ポストベークを行う．

⑤現像

フォトレジストが架橋していない箇所（未露光部分）を現像液によって除去する．その後，イソプロパノールで十分にリンスする．

現像によって未露光部分のフォトレジストの大部分は除去されるが，さらに親水性を向上させるために酸素プラズマを照射する場合もある．完成した紙チップは，適度なサイズに調整して分析に用いる．形成可能な流路幅はフォトマスクの精度に依存するが，本法では 200 μm 以下の流路も作製可能である．

　ワックスプリンティングによる紙チップ作製には，市販のワックスプリンターが用いられる．プリンターによってワックスをパターニング後，オーブンやホットプレートでワックスを融解して，ろ紙上に疎水性パターンを形成させる[19]．インクジェットプリンティングは，サイズ剤であるアルキルケテンダイマーや UV 硬化性樹脂（アクリル樹脂アクリレートなど）をろ紙上にプリントして，ベーク，または露光することで疎水性バリアをパターニングする方法である[20]．これらの作製方法も市販のプリンターを用いるが，印刷に有機溶媒を用いるので，インクカートリッジなどの改良が必要である．この課題を解決するために，慶應大学の Citterio らのグループによって揮発性の有機溶媒を用いないインクジェットプリンティングも報告されている[25]．

　筆者らも，より簡便な紙チップ作製方法の開発に取り組んでいる．最近，筆者らが開発したスクリーンプリンティングによる紙チップの作製方法を**図 6. 10** に示す[26]．スクリーンプリンティングは，合成繊維などで織ったスクリーン製版（メッシュ）を使用する．図 6.10 に示すように，ろ紙上にスクリーン製版を設置して，製版上にポリマー（PDMS）を充填する．充填した PDMS は，へらで製版に押し当てられて，ろ紙上に印刷される．スクリーン製版には，あらかじめ感光剤によってパターンが作製されている．そのため，感光剤がない部分は PDMS が透過して，ろ紙上に疎水性パターンが形成される．また，製版のメッシュサイズを変えることによって，パターン精度（流路のライ

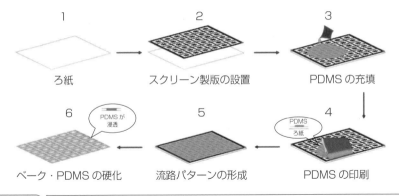

1　ろ紙
2　スクリーン製版の設置
3　PDMS の充填

6　ベーク・PDMS の硬化
5　流路パターンの形成
4　PDMS の印刷

（図中ラベル：PDMS が浸透、PDMS／ろ紙）

> **図 6. 10**　スクリーンプリンティングによる紙チップの作製法[26]

ン＆スペース）を制御することができる．PDMS が印刷されたろ紙は，オー
ブンでベークして，PDMS を硬化させる．著者らは，疎水性バリアの材料と
して PDMS に注目した．疎水性バリアとして用いられることが多いフォトレ
ジストやワックスは，疎水性パターンが物理的に破壊される場合があり，デバ
イスのロバスト性が低い．一方で，PDMS は柔軟性が高く，デバイスを折り
曲げても疎水性バリアが破壊されることがない．

　レーザーカッティングも紙チップの代表的な作製法である．レーザーカッ
ティングには，CO_2 レーザーが使用されており，CAD で作成されたパター
ンがろ紙上に描画される．ろ紙は，レーザーの熱で焼き切られてパターンを形
成する．他にもカッティングによるデバイス作製として，クラフトカッターが
用いられている．化学修飾による紙チップの作製方法は，オクタデシルシラン
などの疎水性シランカップリング剤とろ紙を構成しているセルロースの OH 基
を反応させて，疎水性バリアを形成させる．その他にも，3 次元流路ネット
ワークを持つチップ[27]，折り紙のようにチップを折って 3 次元流路を形成する
チップ[28]など，様々なチップ作製法が報告されている．

6.3.3
紙チップを用いた生体分子の分析
　免疫測定法（イムノアッセイ）は，生体分子を高感度に測定する手法として

広く臨床診断に用いられている．イムノアッセイは，抗原と抗体の高い特異性を利用して，生体分子を高精度かつ高感度に測定する手法である．そのため，紙チップにおいても生体分子の測定にはイムノアッセイが用いられる場合が多い．Mu らは，紙チップを用いた酵素免疫測定法（ELISA）によって，C 型肝炎ウイルス（HCV）の測定を行った[29]．HCV の検出は，酵素反応によって生じた発光物質，または，発色物質を市販のプレートリーダーとデジタルカメラによって，それぞれ測定することで行われた．紙チップは，ニトロセルロースを部材としてクラフトパンチによって作製された（**図 6.11**）．ニトロセルロースは，ウエスタンブロッティングなどのタンパク質検出法にも広く利用されており，タンパク質を吸着しやすいという特徴がある．しかし，熱には強くないため，フォトリソグラフィーやワックスプリンティングのような紙チップの作製法には適していない．クラフトパンチを用いた作製方法は，フォトリソグラフィーほどの作製精度はないが（～400 μm ほど），安価かつ簡便にデバイス

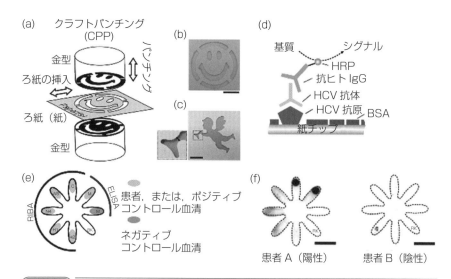

図 6.11　クラフトパンチで作製した紙チップと HCV 測定への応用

（a）クラフトパンチングの概略図，（b）色紙へのスマイリーフェイスのパターニング，（c）色紙への智天使のパターニング，（d）HCV 測定原理の概略図，（e）紙チップでの ELISA と RIBA アッセイ，（f）患者サンプルを用いた測定結果．
【出典】Mu, Xuan. *et al.*: *Anal. Chem.*, 86, 5338（2015）.

作製が可能である．基本的な測定手順は，一般的なイムノアッセイと同じであ
る．まず，作製した紙チップを評価するために，マウス IgG の測定を行った．
その結果，化学発光法での定量限界は，267 amol であり，比色法の場合は
（デジタルカメラで撮影），26.7 fmol であった．血清中の HCV 抗体の測定で
は，まず数種類の HCV 抗原（core，NS4，NS5）を測定部位に固定化する．
その後，患者の希釈した血清を滴下し，西洋わさび由来のペルオキシダーゼ
（HRP）を標識化してある抗ヒト IgG が滴下された．各工程間には，ブロッキ
ングや洗浄，インキュベーションが含まれている．作製された紙チップは，8
個の測定部位を有しており，そのうちの 5 カ所で組み換えイムノブロットアッ
セイ（RIBA）を行い，残りの 2 カ所で ELISA を行った（1 カ所はコントロー
ル）．その結果，紙チップでの RIBA と ELISA は，相補性があり，100 倍に希
釈した血清であっても精度良く HCV 抗体を検出可能であった．また，紙チッ
プを用いた場合のアッセイ時間（反応・洗浄・乾燥・分析）は約 30 分であ
り，従来法（数時間）と比較すると劇的に短縮された．

　紙チップを実用化するためには，定量分析法の開発が必要であり，前述した
画像解析による分析法は，世界中で研究開発が進められている．一方で，電気
化学検出は，小型化・集積化が容易であり，高感度測定が可能である．Zang
らは，紙チップに電極をパターニングして，4 種類のがんマーカーの電気化学
イムノアッセイを行った[30]．紙チップと電極は，スクリーンプリンティングに
よって作製された（図 6.12）．電気化学測定を行うためにチップの測定部位に
は，カーボンナノチューブが担持されている．そこにキトサン溶液を滴下し
て，グルタルアルデヒドによって，各がんマーカー（α-fetoprotein（AFP），
carcinoma antigen 125（CA-125），carcinoma antigen 199（CA-199），
carcinoembryonic antigen（CEA））の捕捉抗体を固定化する．その後，洗浄
とブロッキングを行い，測定まで 4℃ で保存した．チップでの測定は，2 μL
の各がんマーカーを測定部位に滴下後に洗浄して，HRP 標識二次抗体を固定
化した．検出抗体を固定化したチップは，ホルダーにセット後，電気化学検出
器に接続された．チップに o-phenyl-enediamine と過酸化水素を滴下すると，
二次抗体に標識されている HRP と反応して電流が流れる．測定の結果，それ
ぞれのがんマーカーの検出限界は，0.01 ng/mL（AFP），6.0 mU/mL（CA-

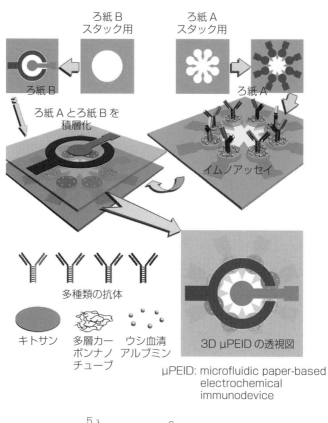

ろ紙 B
スタック用

ろ紙 A
スタック用

ろ紙 B

ろ紙 A

ろ紙 A とろ紙 B を
積層化

イムノアッセイ

多種類の抗体

キトサン　多層カー　ウシ血清
　　　　　ボンナノ　アルブミン
　　　　　チューブ

3D μPEID の透視図

μPEID: microfluidic paper-based
electrochemical
immunodevice

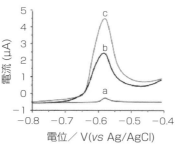

電流 (μA)

電位／ V(*vs* Ag/AgCl)

a: バックグラウンド
b: 0.25 ng/mL CEA
c: 1.5 ng/mL CEA

図 6.12　電極を集積化した紙チップとがんマーカーの測定

【出典】Zang, D. *et al.* : *Chem. Commun.*, 48, 4683（2012）.

125)，8.0 U/mL（CA-199），5.0 pg/mL（CEA）であった．それぞれのマーカーのカットオフ値は，25 ng/mL（AFP），35 U/mL（CA-125），37 U/mL（CA-199），5 ng/mL（CEA）である．したがって，作製した紙チップは，臨床診断に十分に応用できると期待される．

　今回紹介した紙チップ以外にも様々な紙チップの開発が世界中で進められている．近年では，開発途上国においてもスマートフォンの普及率が急激に上昇していることから，スマートフォンに搭載可能な画像処理アプリケーション開発も行われている．将来的には，高齢化が進行している先進国においても，スマートフォンを利用した在宅医療の充実やその場（オンサイト）分析が実現する可能性は高いと考えられる．

文献

1) Huh, D., Matthews, B. D., Mammoto, A., Montoya-Zavala, M., Hsin, H. Y., Ingber, D. E.: *Science*, **328**, 1662（2010）.

2) Imura, Y., Sato, K., Yoshimura, E.: *Anal. Chem.*, **82**, 9983（2010）.

3) Lee, P. J., Hung, P. J., Lee, L. P.: *Biotechnol. Bioeng.*, **97**, 1340（2007）.

4) Imura, Y., Yoshimura, E., Sato, K.: *Anal. Sci.*, **28**, 197（2012）.

5) Huh, D., Hamilton, G. A., Ingber, D. E.: *Trends Cell Biol.*, **21**, 745（2011）.

6) Esch, M. B., King, T. L., Shuler, M. L.: *Annu. Rev. Biomed. Eng.*, **13**, 55（2011）.

7) Ghaemmaghami, A. M., Hancock, M. J., Harrington, H., Kaji, H., Khademhosseini, A.: *Drug Discov. Today*, **17**, 173（2012）.

8) Jebrail, M. J., Wheeler, A. R.: *Curr. Opin. Chem. Biol.*, **14**, 574（2010）.

9) Mousa, N. A., Jebrail, M. J., Yang, H., Abdegawad, M., Metalnikov, P., Chen, J., Wheeler, A. R.: *Sci. Trans. Med.*, **1**, 1ra2（2009）.

10) Fan, S.-K., Chen, C.-W., Lin, Y.-Y., Tseng, F.-G., Pan, R.-L.: *Biomicrofluidics*, **8**, 052006（2014）.

11) Fan, S.-K., Hsu, Y.-W., Chen, C.-H.: *Lab Chip*, **11**, 2500（2011）.

12) Martinez, A. W., Phillips, S. T., Carrilho, E., Thomas III, S. W., Sindi, H., Whitesides, G. M.: *Anal. Chem.*, **80**, 3699（2008）.

13) Dungchai, W., Chailapakul, O., Henry, C. S.: *Anal. Chem.*, **81**, 5821（2009）.

14) Li, H, Stecki, A.: *Anal. Chem.*, **91**, 352（2019）.

15) Yang, Y., Noviana, E., Nguyen, M. P., Geiss, B. J., Dandy, D. S., Henry, C. S.: *Anal.*

Chem., **89**, 71 (2017).

16) Yamada. K., Shibata, H., Suzuki, K., Citterio, D.: *Lab Chip*, **17**, 1206 (2017).

17) Cate, D. M., Adkins, J. A., Mettakoonpitak, J, Henry, C. S.: *Anal. Chem.*, **87**, 19 (2015).

18) Martinez, A. W., Phillips, S. T., Butte, M. J., Whitesides, G. M.: *Angew. Chem. Int. Ed.*, **46**, 1318 (2007).

19) Carrilho, E., Martinez, A. W., Whitesides, G. M.: *Anal. Chem.*, **81**, 7091 (2009).

20) Li, X., Tian, J., Garnier, G., Shen, W.: *Coll. Surf. B*, **76**, 564 (2010).

21) Nie, J., Liang, Y, Zhang, Y., Le, S., Li, D., Zhang, S.: *Analyst*, **138**, 671 (2013).

22) Liu, W., Cassano, C. L., Xu, X., Fan, Z. H.: *Anal. Chem.*, **85**, 10270 (2013).

23) He, Q., Ma, C., Hu, X., Chen, H.: *Anal. Chem.*, **85**, 1327 (2013).

24) Cai, L., Wang, Y., Wu, Y., Xu. C., Zhong, M., Lai, H., Huang, J.: *Analyst*, **139**, 4593 (2014).

25) Maejima, K., Tomikawa, S., Suzuki, K., Citterio, D.: *RSC Adv.*, **3**, 9258 (2013).

26) Mohammadi, S., Maeki, M., Mohamadi, R. M., Ishida, A., Tani, H., Tokeshi, M.: *Analyst*, **140**, 6493 (2015).

27) Martinez, A. W., Phillips. S. T., Whitesides, G. M.: *Proc. Natl. Acad. Sci. USA*, **105**, 19606 (2008).

28) Luo, L., Li, X., Crooks, R. M.: *Anal. Chem.*, **86**, 12390 (2014).

29) Mu, Xuan,, Zhang, L., Chang, S., Cui, W., Zheng, Z. *Anal. Chem.*, **86**, 5338 (2014).

30) Zang, D., Ge, L., Yau, M., Song, X., Yu, J.: *Chem. Commun.*, **48**, 4683 (2012).

索　引

[著者紹介]

渡慶次　学（とけし　まなぶ）　Chapter 1, Chapter 3（3.3節），Chapter 6（6.2節）
1997年　九州大学大学院総合理工学研究科分子工学専攻博士課程修了
現　在　北海道大学大学院工学研究院　教授，博士（工学）
専　門　ナノ・マイクロ化学，応用計測化学

真栄城　正寿（まえき　まさとし）　Chapter 2, Chapter 6（6.3節）
2014年　九州大学大学院総合理工学府物質理工学専攻博士課程修了
現　在　北海道大学大学院工学研究院　助教，博士（工学）
専　門　ナノ・マイクロ化学，化学工学，分析化学

佐藤　記一（さとう　きいち）　Chapter 3（3.1節），Chapter 6（6.1節）
1999年　東京大学大学院農学生命科学研究科博士課程修了
現　在　群馬大学大学院理工学府　准教授，博士（農学）
専　門　分析化学

佐藤　香枝（さとう　かえ）　Chapter 3（3.2節）
1999年　東京大学大学院農学生命科学研究科博士課程修了
現　在　日本女子大学理学部　教授，博士（農学）
専　門　生物分析化学，マイクロタス

火原　彰秀（ひばら　あきひで）　Chapter 4
1998年　東京大学大学院工学系研究科博士課程中退
現　在　東北大学多元物質科学研究所　教授，博士（工学）
専　門　分析化学，ナノ・マイクロ化学，分光分析

石田　晃彦（いしだ　あきひこ）　Chapter 5
1998年　東北大学大学院工学研究科応用化学専攻博士課程修了
現　在　北海道大学大学院工学研究院　助教，博士（工学）
専　門　分析化学

分析化学実技シリーズ
機器分析編 19
マイクロ流体分析

Experts Series for Analytical Chemistry
Instrumentation Analysis : Vol.19
Microfluidic Analysis

2020 年 10 月 30 日 初版 1 刷発行

検印廃止
NDC 433.4
ISBN 978-4-320-04459-3

編　集　（公社）日本分析化学会　©2020

発行者　南條光章

発行所　**共立出版株式会社**
〒112-0006
東京都文京区小日向 4-6-19
電話　03-3947-2511（代表）
振替口座 00110-2-57035
www.kyoritsu-pub.co.jp

印　刷
製　本　藤原印刷

一般社団法人
自然科学書協会
会員

Printed in Japan

分析化学実技シリーズ

（公社）日本分析化学会編／編集委員：原口紘炁（委員長）
石田英之・大谷　肇・鈴木孝治・関　宏子・平田岳史・吉村悦郎・渡會　仁

本シリーズは，若い世代の分析技術の伝承と普及を目的とし「わかりやすい」「役に立つ」「おもしろい」を編集方針としている。初学者に敬遠される原理は簡潔にまとめ，実技に重きをおいてやさしく解説する。『機器分析編』では個別の機器分析法についての体系的な記述，『応用分析編』では分析対象・分析試料への総合的解析手法及び実験データに関する平易な解説をしている。

各巻：A5判・並製
　　　104〜288頁
　　　税別本体価格

【機器分析編】

❶ 吸光・蛍光分析
井村久則・菊地和也・平山直紀他著・・・本体2,900円

❷ 赤外・ラマン分光分析
長谷川　健・尾崎幸洋著・・・・・・・・・・・・本体2,900円

❸ NMR
田代　充・加藤敏代著・・・・・・・・・・・・・・本体2,900円

❹ ICP発光分析
千葉光一・沖野晃俊・宮原秀一他著・・・本体2,900円

❺ 原子吸光分析
太田清久・金子　聡著・・・・・・・・・・・・・・本体2,900円

❻ 蛍光X線分析
河合　潤著・・・・・・・・・・・・・・・・・・・・・・本体2,500円

❼ ガスクロマトグラフィー
内山一美・小森享一著・・・・・・・・・・・・・・本体2,900円

⑧ 液体クロマトグラフィー
・・・・・・・・・・・・・・・・・・・・・・・・続　刊

❾ イオンクロマトグラフィー
及川紀久雄・川田邦明・鈴木和将著・・・本体2,500円

❿ フローインジェクション分析
本水昌二・小熊幸一・酒井忠雄著・・・・・本体2,900円

⓫ 電気泳動分析
北川文彦・大塚浩二著・・・・・・・・・・・・・・本体2,900円

⓬ 電気化学分析
木原壯林・加納健司著・・・・・・・・・・・・・・本体2,900円

⓭ 熱分析
齋藤一弥・森川淳子著・・・・・・・・・・・・・・本体2,900円

⑭ 電子顕微鏡分析
・・・・・・・・・・・・・・・・・・・・・・・・続　刊

⓯ 走査型プローブ顕微鏡
淺川　雅・岡嶋孝治・大西　洋著・・・・・本体2,500円

⓰ 有機質量分析
山口健太郎著・・・・・・・・・・・・・・・・・・・・本体2,700円

⓱ 誘導結合プラズマ質量分析
田尾博明・飯田　豊・稲垣和三他著・・・本体2,900円

⓲ バイオイメージング
小澤岳昌著・・・・・・・・・・・・・・・・・・・・・・本体2,700円

⓳ マイクロ流体分析
渡慶次　学・真栄城正寿他著・・・・・・・・・本体2,900円

⑳ レーザーアブレーション
・・・・・・・・・・・・・・・・・・・・・・・・続　刊

【応用分析編】

❶ 表面分析
石田英之・吉川正信・中川善嗣他著・・・本体2,900円

② 化学センサ・バイオセンサ
・・・・・・・・・・・・・・・・・・・・・・・・続　刊

❸ 有機構造解析
関　宏子・石田嘉明・関　達也他著・・・本体2,900円

❹ 高分子分析
大谷　肇・佐藤信之・高山　森他著・・・本体2,900円

❺ 食品分析
中澤裕之・堀江正一・井部明広著・・・・・本体2,700円

❻ 環境分析
角田欣一・上本道久・本多将俊他著・・・本体2,900円

❼ 文化財分析
早川泰弘・高妻洋成著・・・・・・・・・・・・・・本体2,500円

❽ ナノ粒子計測
一村信吾・飯島善時・山口哲司他著・・・本体2,900円

放射光分析
・・・・・・・・・・・・・・・・・・・・・・・・続　刊

放射能計測
・・・・・・・・・・・・・・・・・・・・・・・・続　刊

※続刊の書名，価格は
　予告なく変更される場合がございます

共立出版

www.kyoritsu-pub.co.jp
https://www.facebook.com/kyoritsu.pub